应用型本科计算机科学与技术规划教材

Visual FoxPro 程序设计
习题解答与上机指导

黄建华　张　炘　主　编
王钟庄　万　芳　黄笑鹃　副主编

北京邮电大学出版社
·北京·

内容简介

本书与马志红、黄建华主编的《Visual FoxPro 程序设计》教材配套使用，主要为教材的学习提供指导和习题答案，同时提供了一系列的操作练习。通过这些练习，可以更好地理解教材中的内容，通过项目开发的练习，将全书的内容衔接起来，形成一个整体。

本书适合作为高等院校学生学习 Visual FoxPro 数据库开发和应用的教学参考书。

图书在版编目(CIP)数据

Visual FoxPro 程序设计习题解答与上机指导/黄建华，张炘主编．—北京：北京邮电大学出版社，2008
(2010.1 重印)

ISBN 978-7-5635-1786-2

Ⅰ.V…　Ⅱ.①黄…②张…　Ⅲ.关系数据库—数据库管理系统，Visual FoxPro—程序设计—高等学校—教学参考资料　Ⅳ.TP311.138

中国版本图书馆 CIP 数据核字(2008)第 094971 号

书　　名：Visual FoxPro 程序设计习题解答与上机指导

主　　编：黄建华　张　炘

责任编辑：满志文

出版发行：北京邮电大学出版社

社　　址：北京市海淀区西土城路 10 号(邮编：100876)

发 行 部：电话：010-62282185　传真：010-62283578

E-mail：publish@bupt.edu.cn

经　　销：各地新华书店

印　　刷：**北京源海印刷有限责任公司**

开　　本：787 mm×1 092 mm　1/16

印　　张：12.25

字　　数：298 千字

版　　次：2008 年 7 月第 1 版　2010 年 1 月第 4 次印刷

ISBN 978-7-5635-1786-2　　　　定　价：20.00 元

应用型本科计算机科学与技术规划教材

编委会

前　言

本书是结合北京邮电大学出版社出版的《Visual FoxPro 程序设计》教材而编写的配套教学用书。各章包含有学习指导、例题解析、习题、实验题和习题解答等内容。

本书可作为高校本专科学生学习 Visual FoxPro 数据库开发和应用的课程设计教材，也可作为高校本专科教学及计算机开发人员的参考书。

本书由黄建华、张炘主编，并负责全书的策划、修改和定稿，王钟庄、万芳、黄笑鹃任副主编，同时参与编写工作的还有邓伦丹、吴军良等。

由于编者水平有限，本书在编写过程中难免有疏漏和失误，恳请广大读者批评指正。

编　者

目　录

第 7 章　查询与视图

第 8 章　结构化程序设计基础

第 9 章　表单设计及其应用

第1章　数据库基础知识

1.1　学习指导

1. 信息

信息是指现实世界事物存在方式或运动状态的反映。

2. 数据

数据本质上是对信息的一种符号化表示，即用一定的符号表示信息。

3. 数据管理技术的发展

(1) 人工管理阶段；

(2) 文件管理阶段；

(3) 数据库系统阶段。

4. 数据库

数据库(DB)是长期存储在计算机内、有组织的、统一管理的相关数据的集合。

5. 数据库管理系统

数据库管理系统(DBMS)是位于用户与操作系统之间的一层数据管理软件，它为用户或应用程序提供访问数据库的方法，包括数据库的建立、查询、更新及各种数据控制，是数据库系统的核心。

6. 数据库系统

数据库系统是指引进数据库技术后的计算机系统。数据库系统由数据库、支持数据库运行的软硬件、数据库管理系统、相关软件和相关人员等部分组成的。

7. 数据模型

数据模型是客观事物及其联系的数据描述，它应具有描述数据和数据联系两方面功能。

8. 概念模型的相关术语

(1) 实体：客观存在并可相互区别的事物称为实体。

(2) 属性：就是实体所具有的某一特性，一个实体可以由若干个属性描述。

(3) 关键字：是指在实体属性中，可用于区别实体中不同个体的一个属性或几个属性的组合。

9. 实体集间的联系

(1) 一对一联系(1∶1)：如果对于实体集A中的每一个实体，实体集B中至多有一个

(可以没有)与之相对应,反之亦然,则称实体集 A 与实体集 B 具有一对一联系,记作:1∶1。

(2) 一对多联系(1∶n):如果对于实体集 A 中的每一个实体,实体集 B 中有 n 个实体($n\geqslant 0$)与之相对应,反之,实体集 B 中的每一个实体,实体集 A 中至多只有一个实体与之联系,则称实体集 A 与实体集 B 具有一对多联系。记作:1∶n。

(3) 多对多联系(m∶n):如果对于实体集 A 中的每一个实体,实体集 B 中有 n 个实体($n\geqslant 0$)与之相对应,反之,实体集 B 中的每一个实体,实体集 A 中也有 m 个实体($m\geqslant 0$)与之联系,则称实体集 A 与实体集 B 具有多对多联系,记作:m∶n。

10. E-R 图

实体-联系模型(E-R 模型)是由美籍华人陈平山于 1976 年提出的,用于描述客观世界并建立概念模型的一种抽象方法。生成的图称为实体-联系图,简称 E-R 图。用矩形方框表示实体,矩形内标注实体名称。用椭圆表示属性,椭圆内标注属性名称。并用连线与实体连接起来。实体之间的联系用菱形表示,菱形内注明联系名称,并用连线将菱形框分别与相关实体相连,并在连线上注明联系类型。

11. 常用的数据模型

(1) 层次模型:按树形结构组织数据,它是以记录类型为结点,以结点间联系为边的有序树。

(2) 网状模型:用网状结构表示实体及其之间的联系,网中结点之间的联系不受层次限制,可以任意发生联系。

(3) 关系模型:是用二维表格结构来表示实体以及实体之间联系的数据模型。

12. 关系术语

(1) 字段/属性:表中的列称为属性,每一列有一个属性名。属性值相当于记录中的数据项或者字段值。

(2) 记录/元组:表中的一行即为一个元组,对应存储文件中的一个记录值。

(3) 表:一个关系就是一张二维表,每个关系有一个关系名。若干记录的集合就构成了表。

(4) 主关键字与候选关键字:它是属性或属性组合,其值能够唯一地标识一个元组。

(5) 外码:如果一个关系中的属性或属性组并非该关系的码,但它们是另外一个关系的码,则称其为该关系的外码。

13. 关系运算

(1) 选择运算:是根据某些条件对关系做水平分割,即选取符合条件的元组。

(2) 投影运算:是对一个关系进行垂直分割,消去某些列,并重新安排列的顺序。

(3) 连接运算:是将两个关系的属性名拼接成一个更宽的关系,生成的新关系中包含满足连接条件的元组。

14. 关系的完整性

(1) 实体完整性:要求关系中主码的值不能为空或部分为空。如果出现空值,那么主码值就起不了唯一标织元组的作用。

(2) 域完整性:指对某一具体数据指定的约束条件进行检验。即限定某个属性的取值类型和取值范围。

(3) 参照完整性:如果关系 R2 的外码 X 与关系 R1 的主码相对应(基本关系 R1 和 R2

不一定是不同的关系，即它们可以是同一个关系），则外码 X 的每个值必须在关系 R1 中主码的值中找到，或者为空。

1.2 例题解析

一、选择题

【例 1-1】 数据库、数据库系统、数据库管理系统三者之间的关系是______。

A. 数据库系统包含数据库和数据库管理系统

B. 数据库管理系统包含数据库和数据库系统

C. 数据库包含数据库系统和数据库管理系统

D. 数据库系统与数据库、数据库管理系统三者等价

【答案】 A

【解析】 数据库系统是指引进数据库技术后的计算机系统。数据库系统由数据库、支持数据库运行的软硬件、数据库管理系统、相关软件和相关人员等部分组成的。

【例 1-2】 数据库管理系统是______。

A. 一种软件　　　　B. 硬件系统

C. 能够保存大量数据的计算机　　　　D. 一个表格

【答案】 A

【解析】 数据库管理系统是位于用户与操作系统之间的一层数据管理软件，它为用户或应用程序提供访问数据库的方法，包括数据库的建立、查询、更新及各种数据控制，是数据库系统的核心。

【例 1-3】 数据库管理系统常见的数据模型有______。

A. 网状、关系、语义　　　　B. 层次、网状、关系

C. 环状、层次、关系　　　　D. 网状、链状、层次

【答案】 B

【解析】 常用的数据模型有 3 种：层次模型、网状模型和关系模型。

【例 1-4】 在学生选课时，一名学生可以选择多门课程，一门课程可以由多名学生选择，这说明学生数据表与课程数据表之间的关系是______。

A. 一对多　　　　B. 多对多

C. 一对一　　　　D. 多对一

【答案】 B

【解析】 如果对于实体集 A 中的每一个实体，实体集 B 中有 n 个实体（$n\geqslant 0$）与之相对应，反之，实体集 B 中的每一个实体，实体集 A 中也有 m 个实体（$m\geqslant 0$）与之联系，则称实体集 A 与实体集 B 具有多对多联系，记作：$m:n$。

【例 1-5】 ______是数据库概念结构设计阶段常用的方法。

A. E-R 实体联系方法　　B. 关系运算

C. 代数运算　　D. 数据迭代算法

【答案】 A

【解析】 实体-联系模型(E-R 模型)是由美籍华人陈平山于 1976 年提出的,用于描述客观世界并建立概念模型的一种抽象方法。生成的图称为实体-联系图,简称 E-R 图。

二、填空题

【例 1-6】 在关系数据库的基本操作中,从关系中抽取满足条件的元组的操作被称为______;从关系中抽取指定列的操作被称为______;将两个数据表(关系)中的一些属性的元组连接到一起形成新的数据表(关系)而进行的操作被称为______。

【答案】 选择运算　投影运算　连接运算

【解析】 选择运算:是根据某些条件对关系做水平分割,即选取符合条件的元组。投影运算:是对一个关系进行垂直分割,消去某些列,并重新安排列的顺序。连接运算:是将两个关系的属性名拼接成一个更宽的关系,生成的新关系中包含满足连接条件的元组。

【例 1-7】 二维表中的每一列称为一个字段,在信息模型中也称为关系的一个______;二维表中的每一行称为一个记录,在信息模型中也称为关系的一个______。

【答案】 属性　元组

【解析】 表中的列称为属性,表中的一行即为一个元组。

【例 1-8】 关系的完整性包括______、______、______。

【答案】 实体完整性　域完整性　参照完整性

1.3 习　题

一、选择题

1. 能对数据库中的数据进行输入、删除、增加、修改、统计、排序、输出等操作的软件系统是______。

   A. 数据库系统　　B. 数据控制程序集

   C. 数据库管理系统　　D. 数据库应用软件系统

2. 计算机系统中,按照一定的数据模型组织、存储的数据集合称为______。

   A. 数据文件　　B. 数据软件

   C. 数据系统　　D. 数据库

3. 某单位有多个部门,每个部门有多名职工,而每名职工只能属于一个部门,则部门与职工两个实体之间的关系是______。

A. 一对一　　B. 一对多　　C. 多对多　　D. 多对一

4. 在关系数据库管理系统中,关系是指______。

A. 满足一定条件的一个二维数据表格

B. 数据表中各个记录之间存在着一定的关系

C. 数据表中各个字段之间存在着一定的关系

D. 数据库之间存在的相互关系

5. 要改变一个关系中属性的排列顺序,应使用的关系运算是______。

A. 新建　　B. 选择　　C. 连接　　D. 投影

6. 假设"图书管理"数据表中有书籍编号、出版社、书籍名称、出版日期、购书日期、价格、购入数量、备注等字段,其中可以作为关键字的字段是______。

A. 书籍编号　　B. 出版社　　C. 出版日期　　D. 购书日期

7. 负责数据库系统建立和维护的专门工作人员称为______。

A. DBA　　B. CEO　　C. CFO　　D. CIO

二、填空题

1. 按照所使用的______不同,数据库管理系统可分为层次型、网络型和______ 3 种类型。
2. 属性的取值范围称为______。
3. 在一个关系中,可以用某一个属性(字段)值唯一地标识一个元组(记录),该属性或字段称为______。
4. 对某个关系进行选择、投影或连接运算后,运算的结果仍然是一个______。
5. 数据库与文件系统相比,具有______、______ 、______ 和______的特点。

1.4　教材习题答案

一、选择题

1. A　2. A　3. C　4. B　5. B　6. A

二、填空题

1. 软硬件　数据库管理系统　数据库　数据库管理系统
2. 关系模型
3. 多对多
4. 概念　联系

5. 实体完整性　域完整性　参照完整性
6. 属性
7. 关系模式　关系名(字段名1,字段名2,…)
8. 关键字
9. 唯一　重复
10. 字段　记录

三、思考题(略)

附:习题答案

一、选择题

1. C　2. D　3. B　4. A　5. D　6. A　7. A

二、填空题

1. 数据模型　关系型
2. 域
3. 码或关键字
4. 关系
5. 数据共享　数据结构化　数据独立性　数据统一控制

第 2 章　Visual FoxPro 概述

2.1　学习指导

2.1.1　基本概念

1. Visual FoxPro 的主界面

Visual FoxPro 6.0 主界面是一个集成开发环境，其组成与其他 Windows 应用程序窗口类似，所不同的是工作区中有一个命令(Command)窗口。

(1) 菜单栏

菜单是在交互式下实现人-机对话的工具。Visual FoxPro 6.0 主界面顶端的菜单栏实际上是各种操作命令的分类组合，其中包括 8 个下拉式菜单：文件、编辑、显示、格式、工具、程序、窗口和帮助。

(2) 命令窗口

命令窗口是 Visual FoxPro 6.0 用户界面的一个重要部件。在该窗口中，可以直接输入 Visual FoxPro 6.0 的各条命令语句，按 Enter 键后便立即执行命令。尽管从菜单中可以选择大多数命令，但熟悉一些命令语句对于提高操作速度、今后编写程序是很有帮助的。

(3) 工具栏

对于经常使用的功能，利用各种工具栏调用比通过菜单调用要方便快捷得多。Visual FoxPro 6.0 默认界面仅显示“常用”工具栏和“表单设计器”工具栏。

2. Visual FoxPro 的工作方式

Visual FoxPro 6.0 支持两种工作方式，即交互操作方式和程序执行方式。

(1) 交互操作方式

交互操作方式包括单命令方式和界面操作方式。单命令方式是指用户在命令窗口中输入一条命令并按 Enter 键，系统立即执行该命令并在工作区中显示执行结果。采用单命令方式的用户需要熟悉命令格式及其使用方法。通常，它适用于简单操作。

随着 Windows 的推广，基于 Windows 的图形界面操作已成为主要的交互操作方式。Visual FoxPro 6.0 进一步完善了图形界面操作，它提供的向导、设计器等辅助设计工具，其直接的可视化界面正被越来越多的用户所熟悉和使用。界面操作方式最突出的优点是操作简单、直观，其不足之处是步骤较为烦琐。

(2) 程序执行方式

交互操作方式虽然方便，但用户操作与机器执行互相交叉，降低了执行速度。为此，在实际工作中，常常根据所解决问题的需要，按 Visual FoxPro 6.0 系统的约定编写成特定的命令序列，并将它们存储为程序文件（或称命令文件）。用户需要时，通过特定的命令（如 DO 命令）自动执行程序文件，使用户的介入减至最小限度。程序执行方式最突出的优点是不仅运行效率高，而且可以重复执行。此外，用户只需了解程序运行过程中的人-机交互要求，而不必了解程序的内部结构和其中的命令，给用户使用应用程序带来了极大的方便。

2.1.2 基本操作

1. Visual FoxPro 6.0 的启动与退出

(1) 启动 Visual FoxPro 6.0

正确安装 Visual FoxPro 6.0 后，系统将在“开始”菜单的“程序”项目中自动建立“Microsoft Visual FoxPro 6.0”程序组。

启动 Visual FoxPro 最方便快捷的两种方法是：

① 在 Windows 2000/XP 的桌面上打开“开始”菜单，单击“程序”选项，再选择“Microsoft Visual FoxPro 6.0”命令。

② 在 Windows 2000/XP 的桌面上建立“Microsoft Visual FoxPro 6.0”的快捷方式，双击该快捷方式图标，即可启动 Visual FoxPro。

首次启动 Visual FoxPro 6.0 的界面如图 2-1 所示。此时若选定该对话框中的“以后不再显示此屏”选项，则以后启动时将不再显示此界面。建议用户保留此界面，以便每次启动时选择对话框中相应的操作。

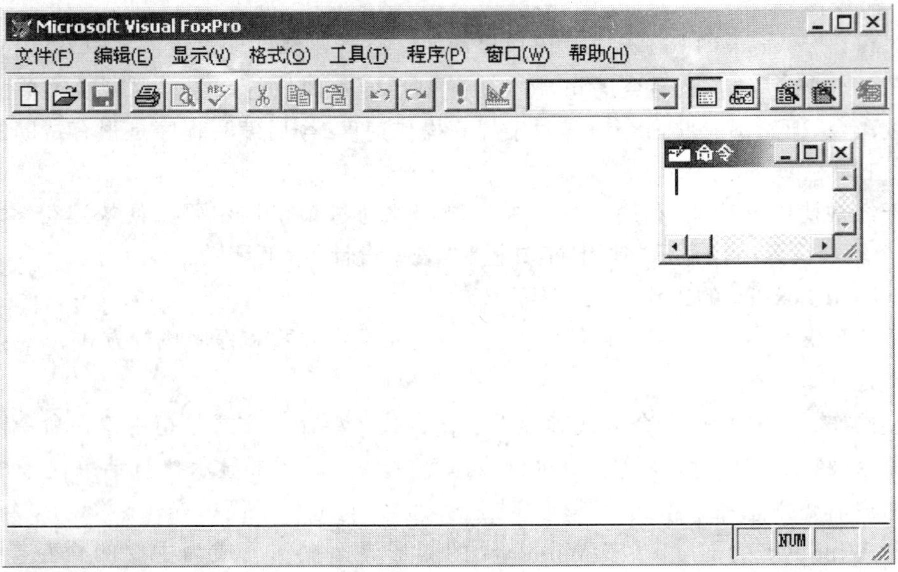

图 2-1 Visual FoxPro 6.0 启动界面

(2) 退出 Visual FoxPro 6.0

使用下列 4 种方法之一均可退出 Visual FoxPro 6.0，返回 Windows 环境。

方法 1：单击 Visual FoxPro 窗口标题栏右端的“关闭”按钮。

方法 2：在 Visual FoxPro 窗口的“文件”下拉菜单中，执行“退出”选项。

方法 3:直接按快捷键 Alt＋F4。

方法 4:在命令窗口中输入“QUIT”命令。

2. Visual FoxPro 6.0 的菜单项、快捷键和工具栏按钮的操作

- 单击“文件”菜单,系统显示文件菜单项,选择“新建(N)…Ctrl＋N”菜单项,出现“新建”对话框,单击“取消”按钮。
- 直接按快捷键 Ctrl＋N,系统出现“新建”对话框,单击“取消”按钮。
- 选择“常用”工具栏“新建”按钮,系统也出现“新建”对话框,单击“取消”按钮。

浏览整个 Visual FoxPro 系统菜单,了解各菜单中的菜单项。熟悉各种菜单项的操作方法。

3. 工具栏的操作

打开工具栏有两种方法。具体操作如下:

- 单击“显示”菜单,单击“工具栏”菜单项,弹出“工具栏”对话框,在该菜单中进行选择,如图 2-2 所示。
- 将鼠标光标指向任一工具栏区域后,右击鼠标,出现工具栏快捷菜单,在该菜单中进行选择,如图 2-3 所示。

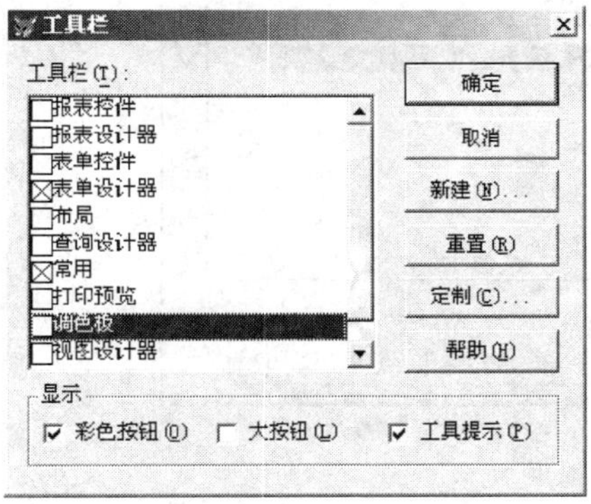

图 2-2 打开“工具栏”对话框

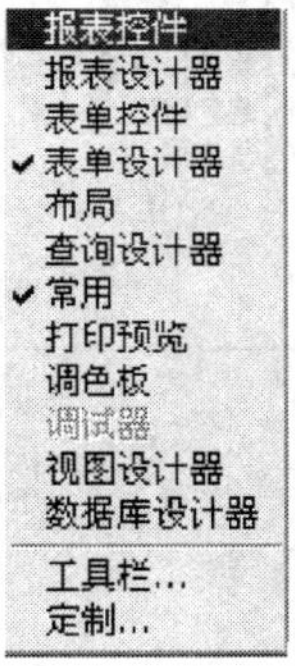

图 2-3 打开工具栏快捷菜单

- 改变工具栏的位置。

启动 Visual FoxPro(简称 VFP)后,系统默认将“常用”工具栏位于主窗口的顶部。将鼠标光标指向该工具栏的非按钮位置,拖动工具栏到主窗口的任意位置。拖动工具栏在主窗口的四周,该工具栏成一条带。如果拖放到主窗口中间的任何位置,则工具栏成为浮在主窗口上面的“浮动”工具栏,窗口标题即为工具栏的名称。拖放工具栏窗口的边或角可以改变其形状。

双击“浮动”工具栏窗口的标题栏,工具栏会移到主窗口顶部。

4. 命令窗口的使用

命令窗口是用户直接输入 VFP 命令的窗口。

进入 VFP 后,命令窗口处于打开状态,单击命令窗口的“关闭按钮”,关闭命令窗口。命令窗口关闭后可用下列 3 种方法打开:

- 单击“常用”工具栏上的“命令窗口”按钮;

- 选择"窗口"菜单中的"命令窗口"菜单项；
- 使用快捷键 Ctrl＋F2。

5. 设置工作目录

为便于管理，用户开发的应用系统文件应当于 Visual FoxPro 系统文件分开存放，这就需要先建立自己的工作目录。在"选项"对话框中选择"文件位置"选项卡，如图 2-4 所示。在"文件类型"列表框中选中"默认目录"选项，单击"修改"按钮，或者直接双击"默认目录"选项，弹出如图 2-5 所示的"更改文件位置"对话框。选中"使用默认目录"复选框，激活"定位默认目录"文本框，然后直接输入路径。

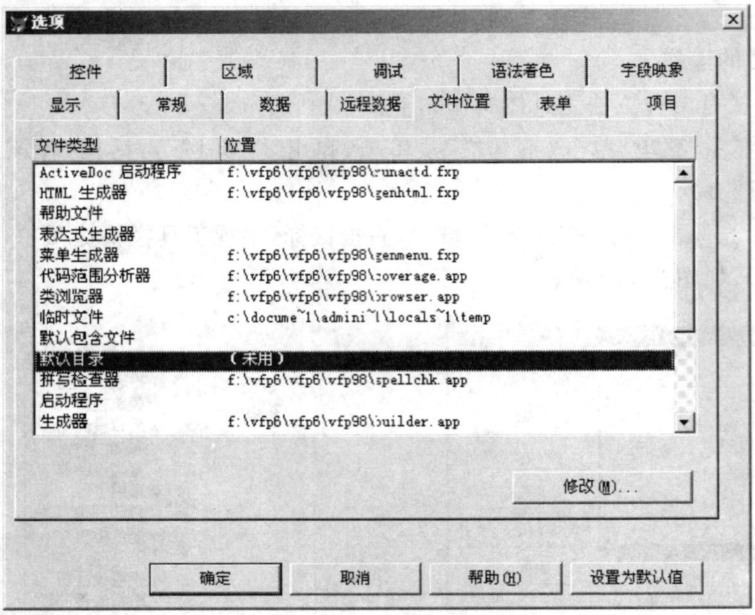

图 2-4 "文件位置"选项卡

图 2-5 "更改文件位置"对话框

单击"确定"按钮关闭"更改文件位置"对话框。设置默认目录之后，在 Visual FoxPro 中新建的文件将自动保存到该文件夹中。

2.1.3 相关命令

设置默认目录：SET DEFAULT TO D:\学生管理系统。

设置日期分隔符格式：SET MARK TO "-" | ". "。

设置日期显示格式为年份 4 位/2 位：SET CENTURY ON | OFF。

设置日期 MDY 显示格式:SET DATE TO AMERICAN | MDY | DMY | YMD。

2.2 例题解析

一、选择题

【例 2-1】 通过“程序”命令启动 Visual FoxPro 的操作步骤是______。

A. 单击“开始”按钮,选择“程序”→“Microsoft Visual FoxPro 6.0”命令

B. 单击“开始”按钮,选择“程序”→“Microsoft Visual FoxPro 6.0”命令→“Microsoft Visual FoxPro 6.0”命令

C. 单击“开始”按钮,选择“运行”命令,在“运行”对话框的“打开”文本框中输入“Microsoft Visual FoxPro 6.0”

D. 单击“开始”按钮,选择“运行”命令,在“运行”对话框的“打开”文本框中输入“C:\Program Files\Microsoft Visual Studio\Vfp98\Vfp6.exe”

【答案】 B

【解析】 本题考查的知识点是使用“开始”按钮启动 Visual FoxPro。安装 Visual FoxPro 时,如果采用了系统默认路径,启动 Visual FoxPro 的程序文件会自动出现在“开始”菜单的“程序”选项中,启动时只需要单击 Microsoft Visual FoxPro 6.0 即可。选项 A 只是打开程序文件夹,不能打开 Visual FoxPro 6.0 应用程序;选项 C 的路径不正确;选项 D 虽然也可以打开,但本题有一个前提:通过“程序”命令启动,所以选项 D 不正确。

【例 2-2】 下列方法中,不能退出 Visual FoxPro 6.0 的一项是______。

A. 选择“文件”菜单中的“关闭”命令　　B. 选择“文件”菜单中的“退出”命令

C. 单击窗口标题栏右端的“关闭”按钮　　D. 按 Alt+F4 组合键

【答案】 A

【解析】 本题考查的知识点是退出 Visual FoxPro 6.0 的操作。常用的退出 Visual FoxPro 6.0 的方法有 5 种。

(1) 选择“文件”菜单下的“退出”命令;

(2) 单击标题栏最右端的关闭按钮;

(3) 单击标题栏最左端的控制按钮,打开下拉菜单,选择“关闭”命令;

(4) 按快捷键 Alt+F4;

(5) 在命令窗口中输入“QUIT”命令,按 Enter 键。

因此 B、C、D 都正确。

【例 2-3】 Visual FoxPro 支持______和______两种工作方式。

A. 命令方式和菜单工作方式　　B. 交互操作方式和程序执行方式

C. 命令方式和程序执行方式　　D. 交互操作方式和菜单工作方式

【答案】 B

【解析】 本题考查的重点是 Visual FoxPro 支持的两种工作方式。Visual FoxPro 支

持两种工作方式:交互操作方式和程序执行方式,所以选项 B 正确。

【例 2-4】 Visual FoxPro 中,若要将 C 盘根目录设置为默认的工作目录,则正确的命令是______。

A. SET CENTURY TO C:\　　B. SET DATE TO C:\

C. SET DEFAULT TO C:\　　D. SET DIR TO C:\

【答案】 C

【解析】 本题考查的重点是通过命令方式来设置默认的工作目录。正确的命令为 SET DEFAULT TO ,所以选项 C 正确。

二、填空题

【例 2-5】 在命令窗口中输入______命令可以退出 Visual FoxPro。

【答案】 QUIT

【解析】 在命令窗口中输入"QUIT"命令,按 Enter 键可以退出 Visual FoxPro。

【例 2-6】 Visual FoxPro 支持______和________两种工作方式。

【答案】 交互操作方式　程序执行方式

【解析】 Visual FoxPro 支持两种工作方式:交互操作方式和程序执行方式。

【例 2-7】 在 Visual FoxPro 6.0 中,若要改变系统默认的工作目录,则可在"选项"对话框中的______选项卡中进行设置。

【答案】 文件位置

【解析】 在 Visual FoxPro 6.0 中,若要改变系统默认的工作目录,则可在"选项"对话框中的文件位置选项卡中进行设置。

【例 2-8】 若要日期数据能够显示世纪(即年份为 4 位),应该使用的命令是______。

【答案】 SET CENTURY ON

【解析】 设置日期显示格式为年份 4 位:SET CENTURY ON。

2.3 习　题

一、选择题

1. Visual FoxPro 6.0 共提供了______种向导。

A. 10　　B. 15　　C. 20　　D. 50

2. 在 Visual FoxPro 中,若要将 D 盘根目录设置为默认的工作目录,则正确的命令是______。

A. SET CENTURY TO D:\　　B. SET DATE TO D:\

C. SET DEFAULT TO D:\　　　D. SET DIR TO D:\

3. 在命令窗口中输入______命令可以退出 Visual FoxPro。
A. DIR　　B. CLEAR　　C. QUIT　　D. DELETE

4. 在“选项”对话框的“文件位置”选项卡中可以设置______。
A. 菜单生成器文件的位置　　B. 程序代码的颜色
C. 日期和时间的显示格式　　D. 显示快捷菜单命令的对话框

二、填空题

1. Visual FoxPro 6.0 是一个____位的数据库管理系统。
2. 安装好 Visual FoxPro 后，系统提供了一个默认的工作环境，如果要定义自己的工作环境，应选择______菜单中的__________命令。
3. Visual FoxPro 支持______和__________两种工作方式。
4. 如果要把系统日期格式设置成年月日的命令是____________。

2.4　教材习题答案

一、选择题

1. B　2. D　3. D　4. C　5. B　6. C　7. C

二、填空题

1. 文件位置
2. 程序执行
3. 向导
4. 文件位置
5. _SCREEN. FONTSIZE＝16
6. SET CENTURY ON

三、简答题

1. 启动 Visual FoxPro 6.0：① 在 Windows 2000/XP 的桌面上打开“开始”菜单，单击“程序”选项，选择“Microsoft Visual FoxPro 6.0”命令。② 在 Windows 2000/XP 的桌面上建立 Microsoft Visual FoxPro 6.0 的快捷方式，双击该快捷方式图标，即可启动 Visual FoxPro。

退出 Visual FoxPro 6.0：使用下列 4 种方法之一均可退出 Visual FoxPro 6.0，返回 Windows 环境。①单击 Visual FoxPro 窗口标题栏右端的“关闭”按钮。②在 Visual FoxPro 窗口的“文件”下拉菜单中，单击“退出”选项。③直接按快捷键 Alt＋F4。④在命令窗口中执行“QUIT”命令。

2. 菜单栏、工具栏、命令窗口和状态栏。

3. 在“选项”对话框中选择“文件位置”选项卡，在“文件类型”列表框中选中“默认目录”选项，按“修改”按钮，或者直接双击“默认目录”选项，弹出“更改文件位置”对话框。选中

“使用默认目录”复选框，激活“定位默认目录”文本框，然后直接输入路径。或直接在命令窗口中输入“SET DEFAULT TO”命令。

4. 在命令窗口中直接输入命令后，按 Enter 键即可。

5. 为了加快 Visual FoxPro 应用程序的开发速度，减轻用户程序设计工作量，Visual FoxPro 提供了 3 类支持可视化设计的辅助工具。分别是向导、设计器、生成器。

6. SET DATE TO DMY。

附：习题答案

一、选择题

1. C　2. C　3. C　4. A

二、填空题

1. 32
2. 工具　选项
3. 交互操作方式　程序执行方式
4. SET DATE TO YMD

第3章　Visual FoxPro 数据及其运算

3.1　学习指导

3.1.1　基本概念

根据计算机系统处理资料的形式来划分，Visual FoxPro 有常量、变量、表达式和函数 4 种形式的资料。常量和变量是资料运算和处理的基本对象，而表达式和函数则体现了 Visual FoxPro 语言对资料进行运算和处理的能力及功能。

1. 数据类型及其存储方式

每个数据都有一定的数据类型，数据类型决定了数据的存储方式和运算方式。Visual FoxPro 将数据划分为 11 种类型。

(1) 字符型(Character)；

(2) 数值型(Numeric)；

(3) 浮点型(Float)；

(4) 货币型(Currency)；

(5) 日期型(Date)；

(6) 日期时间型(Date Time)；

(7) 双精度型(Double)；

(8) 整数型(Integer)；

(9) 逻辑型(Logical)；

(10) 备注型(Memory)；

(11) 通用型(General)。

2. 常量和变量

(1) 常量：常量是固定不变的数据，它具有数值型、字符型、日期型、日期时间型、逻辑型和货币型 6 种类型。

(2) 变量：在命令操作和程序运行过程中，其值允许变化的量称为变量。变量包括内存变量、字段变量和系统内存变量 3 种。

(3) 数组：数组是按一定顺序排列的一组内存变量，数组中的各个变量称为数组元素。数组必须先定义后使用。

3. 运算符与表达式

Visual FoxPro 共有 5 种运算符：算术运算符、关系运算符、逻辑运算符、字符运算符、日期与日期时间运算符。

4. 常用函数

Visual FoxPro 6.0 内部函数，按功能可分为数值处理函数、字符处理函数、日期时间函数、类型转换函数和测试函数等类型。

3.1.2 基本操作

(1) 内存变量的赋值；

(2) 数组的定义；

(3) 表达式值的输出命令；

(4) 各种运算符的功能和优先级；

(5) 各种函数的正确使用。

3.1.3 相关命令

(1) 内存变量赋值命令：＜内存变量＞＝＜表达式＞或 STORE ＜表达式＞ TO ＜内存变量表＞。

(2) 表达式值输出命令：? |?? ＜表达式表＞。

(3) 数组的定义：DIMENSION|DECLARE ＜数组名＞(＜下标 1＞[,＜下标 2＞])。

(4) 算术、关系、逻辑运算。

现将算术、关系和逻辑这 3 种运算的运算符列在表 3-1 中，并简要说明如下。

表 3-1 Visual FoxPro 算术、关系、逻辑运算符

运 算	运算符	意 义	运算举例(注解表示显示结果)
算术	( )	圆括号	? (1＋2)＊3 &&9
	^或＊＊	乘方	? 3^2 &&9
	×	乘	? 2＊3 &&6
	/	除	? 9/3 &&3
	%	取模：取两数相除的余数	? 15%4 &&3
	＋	加	? 1＋2 &&3
	－	减	? 3－1 &&2
关系	＜	小于	? 63＜54 &&.F.
	＜＝	小于等于	? {01/01/92}＜＝{01/01/91} &&.F.
	＞	大于	? "ABC"＞"AAAA" &&.T.
	＞＝	大于等于	? "大专"＞＝"大学" &&.T.
	＝	相等：右串包含于左串时为真	? "ABC"＝"AB" &&.T.
	＝＝	完全相等：两串全同时为真	? "ABC"＝＝"AB" &&.F.
	＜＞，#或！＝	不相等	?.T. ＜＞.F. &&.T.
	$	包含：左串是右串的子串时为真	? "BC" $ "ABCD" &&.T.
逻辑	NOT 或！	非：结果是右边逻辑值的反	? NOT"BC" $ "ABCD" &&.F.
	AND	与：两边都是真才为真	?.T. AND"ABC"＞"AB" &&.T.
	OR	或：两边有一边为真就是真	?.T. OR 4＝5 &&.T.

（5）常用函数。

① 常用数值函数，如表 3-2 所示。

表 3-2　数值型函数

函　数	功　能	例子(注解表示结果)
ABS(N)	求 N 的绝对值	? ABS(－4)　&&4
SQRT(N)	求 N 的平方根	? SQRT(4)　&&2.00
EXP(N)	求 e 的 N 次方的值	? EXP(2)　&&7.39
INT(N)	返回 N 的整数部分	? INT(7.5)　&&7
MAX(N1,N2)	返回 N1,N2 较大者	? MAX(4,7)　&&7
MOD(N1,N2)	取模,返回 N1 除以 N2 所得的余数	? MOD(8.7,3)　&&2.7
ROUND(N1,N2)	将 N1 四舍五入,保留 N2 的小数	? ROUND(3.1415,3)　&&3.142

② 常用字符函数，如表 3-3 所示。

表 3-3　字符处理函数

函　数	功　能	例子(注解表示结果)
SUBSTR(C,N1[,N2])	返回 C 中第 N1 位起的长度为 N2 的子串	? SUBSTR("ABCD",2,2)　&&BC
LEFT(C,N)	返回 C 左起 N 个字符的子串	? LEFT("ABCD",2)　&&AB
RIGHT(C,N)	返回 C 右起 N 个字符的子串	? RIGHT("ABCD",2)　&&CD
LEN(C)	返回字符串的长度	? LEN("ABCD")　&& 4
AT(C1,C2[,N])	返回 C1 在 C2 中第 N 次出现的位置	? AT("BC","ABCD",1)　&&2
ALLTRIM(C)	删除 C 前导和末尾的空格	? ALLTRIM(" ABCD ")　&&ABCD
SPACE(N)	返回 N 个空格	? SPACE(4)
UPPER(C)	将小写字母转换为大写字母	? UPPER("aBc")　&&ABC
LOWER(C)	将大写字母转换为小写字母	? LOWER("aBc")　&&abc
VAL(C)	将字符串转换成数值	? VAL("3.14")　&&3.14
STR(N1[,N2[,N3]])	将数值 N1 转换为长度为 N2 位,具有 N3 位小数的字符串	? STR(3.14,5,1)　&& 3.1
CHR(N)	返回 ASCII 码为 N 的对应字符	? CHR(65)　&&A
ASC(C)	返回字符 C 的 ASCII 码值	? ASC("A")　&&65

③ 日期/日期时间函数，如表 3-4 所示。

表 3-4　日期处理函数

函　数	功　能	例子(注解表示结果)
CTOD(C)	将 C 转换为日期	? CTOD("09/09/04")　&&09/09/04
DTOC(D)	将 D 转换为字符串	? CTOD({09/09/04})　&&09/09/04
TIME( )	以 hh:mm:ss 的格式返回系统当前时间	? TIME( )　&&21:12:14
DATE( )	返回系统当前日期	? DATE( )　&&07/26/04
YEAR(D)	返回年份	? YEAR(DATE( ))　&&2004

3.2 例题解析

一、选择题

【例 3-1】 关于 Visual FoxPro 的变量，下面说法中正确的是______。

A. 使用一个简单变量之前要先声明或定义

B. 数组中各数组元素的数据类型可以不同

C. 定义数组以后，系统为数组的每个数组元素赋以数值 0

D. 数组元素的下标下限是 0

【答案】 B

【解析】 本题考查对变量以及数组的理解。数组是按一定顺序排列的一组内存变量的集合，必须先定义后使用。在 Visual FoxPro 中，一个数组中各个元素的数据类型可以不同，故选项 B 正确。数组大小由下标值的上、下限决定，下限规定为 1，故选项 D 错误。选项 A 的错误在于，使用简单变量之前，不需要特别的声明和定义。选项 C 错误，原因是系统在定义数组后不会对数组元素进行赋值。

【例 3-2】 Visual FoxPro 内存变量的数据类型不包括______。

A. 数值型　　B. 货币型　　C. 备注型　　D. 逻辑型

【答案】 C

【解析】 本题考查对内存变量的理解和掌握。在 Visual FoxPro 中，数据类型包括字符型、数值型、货币型、逻辑型、日期型和日期时间型。

【例 3-3】 在 Visual FoxPro 中，下面 4 个关于日期或日期时间的表达式中，错误的是______。

A. {^2002.09.01 11:10:10AM}－{^2001.09.01 11:10:10AM}

B. {^01/01/2002} ＋20

C. {^2002.02.01} ＋ {^2001.02.01}

D. {^2000/02/01} － {^2001/02/01}

【答案】 C

【解析】 本题考查对日期型数据运算的掌握。日期时间表达式的格式有一定限制，不能任意组合。

【例 3-4】 在下面的数据类型中默认值为.F.的是______。

A. 数值型　　B. 字符型　　C. 逻辑型　　D. 日期型

【答案】 C

【解析】 本题考查逻辑型数据。逻辑型数据只占用一个字节。而其默认值定义为.F.。

【例 3-5】 下列函数中函数值为字符型的是______。

A. DATE( ) B. TIME( )

C. YEAR( ) D. DATETIME( )

【答案】 B

【解析】 本题考查几个函数值返回值的区别。必须了解候选答案中几个函数的功能与返回值,才能得出正确答案。DATE( )函数用于获取系统日期的函数,它的返回值是一个日期型数据。选项 B 中的 TIME( )函数的功能是获得系统时间,这个函数的返回值是当前系统的时间,为字符型。选项 C 中的 YEAR( )函数用于获得年份,它的返回值是数值型。DATETIME( )函数的返回值同样也是日期型的。

【例 3-6】 在 Visual FoxPro 中说明数组的命令是______。

A. DIMENSION 和 ARRAY B. DECLARE 和 ARRAY

C. DIMENSION 和 DECLARE D. 只有 DIMENSION

【答案】 C

【解析】 本题考查 Visual FoxPro 中数组的说明方法。

二、填空题

【例 3-7】 在 Visual FoxPro 中说明数据后,数组的每个元素在未赋值之前的默认值是______。

【答案】 .F.

【解析】 本题考查 Visual FoxPro 中数组定义后的默认值。在 Visual FoxPro 中,数组在使用之前一般要用 DIMENSION 或 DECLARE 命令显式创建。数组创建后,系统自动给每个元素赋逻辑值.F.。

【例 3-8】 函数 BETWEEN(40,34,50)的运算结果是______。

【答案】 .T.

【解析】 本题考查函数 BETWEEN( )的使用和掌握。

【例 3-9】 LEFT("123456789",LEN("数据库"))的计算结果是______。

【答案】 123456

【解析】 本题考查函数 LEN( )的使用和掌握。每个汉字占 2 个字符。

3.3 习 题

一、选择题

1. 下面的数据类型中默认为.F.的是______。

A. 数值型 B. 字符型 C. 逻辑型 D. 日期型

2.下列字符型常量的书写格式不正确的是______。

A. “12345”　　B. Visual FoxPro

C. ‘abcde’　　D. [‘程序设计’]

3. 以下日期格式正确的是______。

A. {2003-05-01}　　B. {“2003-05-01”}

C. {^2003-05-01}　　D. {‘2003-05-01’}

4. 下列哪个答案是 INT(－7.9)、CEILING(－7.9)和 FLOOR(－7.9)的正确计算结果______。

A. －8,－7,－8　　B. －7,－7,－7

C. －7,－7,－8　　D. －7,－8,－8

5. 函数 STR(12345.678,6,2)的结果是______。

A. 12345　　B. 12345.　　C. 12346　　D. 12345.7

6. ROUND(1234.56,－2)和 ROUND(1234.56,1)的正确结果是______。

A. 1234 和 1234.5　　B. 1230 和 1234.6

C. 1200 和 1234.5　　D. 1200 和 1234.6

7. 字符串长度函数 LEN(SPACE(3)－SPACE(2))的值是______。

A. 0　　B. 1　　C. 5　　D. 3

8. 下列选项中，与函数 INT(10/3)结果相同的是______。

A. CELING(3.3)　　B. FLOOR(3.3)

C. SIGN(3.3)　　D. ABS(3.3)

9. ？INT(34.8－50)的返回值为______。

A. －15　　B. 15　　C. 15.2　　D. －15.2

10. 执行？MOD(10,－3)的显示结果为______。

A. 1　　B. 0　　C. －1　　D. －2

11. 则 AT(“是”,“Visual FoxPro 6.0 是程序设计软件”)的返回值是______。

A. 是　　B. Visual FoxPro 6.0 是程序设计软件

C. 1　　D. 18

12. 假设 a=“－80”,则 VARTYPE(a)的返回值为______。

A. N　　B. C　　C. Y　　D. L

二、填空题

1. ？ ROUND(1.8756,2)的结果是______。
2. 执行？ DAY{^2003-10-15}命令后显示的结果是______。
3. ？ LEFT(“HAPPY NEW YEAR”,5)的结果是______。
4. ？ UPPER(“Sunday 星期天”)的值是______。

3.4 教材习题答案

一、选择题

1. A	2. B	3. B	4. A	5. B	6. B	7. A	8. C	9. C	10. D
11. D	12. C	13. B	14. D	15. C	16. D	17. C	18. A	19. C	20. D

二、填空题

1. 39、－1
2. T
3. 1998
4. GOODGIRL
5. 2006
6. －6、.T.
7. .F.、.T.、1234.6
8. X＞＝10.and.x＜＝20
9. F、T
10. 6、F
11. 函数( )
12. 223.5
13. 578
14. C
15. T

三、简答题

1. 字符型、数值型、浮点型、货币型、日期型、日期时间型、双精度型、整数型、逻辑型、备注型、通用型。其中字符型、数值型、货币型、日期型、日期时间型、逻辑型这6个可以用于内存变量。

2. 变量:在命令操作和程序运行过程中,其值允许变化的量称为变量。内存变量可用来存储数据,定义内存变量时需要为它取名并赋初值,内存变量建立后存储于内存中。表的每一个字段都是一个字段变量。说字段是变量,是由于对于某一字段,它的值因记录而异。

字段变量在建立表结构时定义，修改表结构时可重新定义，或增删字段变量。

如果内存变量与字段变量同名，则优先访问字段变量；要想访问内存变量，则必须在变量名前加上前缀 M. 或 M－>。

3. (1) F (2) 5 (3) 及格 (4) F (5) T

4. a="今天是:"

```
b=date( )
C="年"
D="月"
E="日"
? a+year(b)+c+month(b)+d+day(b)+e
```

5. p=a+b+c

```
s=sqrt(p*(p-a)*(p-b)*(p-c))
```

3.5 实验题

1. (1) 把 16 赋给变量 Invar1。

(2) 把字符串'constant'赋给变量 Invar2。

(3) 定义一个一维数组 Var1，该数组共有 3 个数组元素，并对 3 个数组元素赋值。

(4) 定义一个二维数组 Var2，该数组第一下标为 3，第二下标为 3，共有 9 个数组元素，并对 9 个元素赋值。

2. 写出下列表达式的结果。

(1) STORE 10 TO x

```
? ABS(5-x),ABS(x-5),SIGN(5-x),SIGN(x-10)
```

(2) STORE 5.8 TO x

```
? INT(x),INT(-x),CEILING(x),CEILING(-x),FLOOR(x),FLOOR(-x)
```

3. 写出下列表达式的结果。

```
STORE "计算机"TO s1
STORE"微型计算机"TO s2
    ? s1 $ s2,s2 $ s1,(s1 $ s2)>(s2 $ s1)
```

4. 字符串精确比较与 EXACT 的设置。

```
SET EXACT OFF           && 系统默认，以右串为结束标志
STORE "计算机" TO s1
STORE "计算机 " TO s2
STORE "计算机世界" TO s3
? s1=s3,s3=s1, s1=s2, s2=s1, s2==s1
SET EXACT ON            && 填充空格，等长比较
? s1=s3,s3=s1, s1=s2, s2=s1, s2==s1
```

5. 写出下列表达式的结果。

```
STORE "GOOD BYE1" TO x
? LEFT(x,2),SUBSTR(x,6,2)+SUBSTR(x,6),RIGHT(x,3)
```

6. 写出下列表达式的结果。

```
STORE "This is Visual FoxPro" TO x
? AT("fox",x), ATC("fox",x), AT("is",x,3), AT("xo",x)
```

3.6 实验题答案

1. (1) Invar1 = 16

   (2) Invar2 = 'constant'

   (3)
```
DIMENSION Var1(3)          && 定义 Var1 数组
Var1(1) = 818              && 给数组元素 Var1(1)赋数值型数据 818
Var1(2) = 'ArrayTwo'       && 给数组元素 Var1(2)赋字符串'ArrayTwo'
Var1(3) = .t.
```

   (4)
```
DIMESION Var2(3,3)         && 定义数组
Var2(1,1) = '姓名'         && 数组赋值
Var2(1,2) = '部门'
Var2(1,3) = '工资'
Var2(2,1) = '李慧芳'
Var2(2,2) = '技术部'
Var2(2,3) = 1800
Var2(3,1) = '张国利'
Var2(3,2) = '开发部'
Var2(3,3) = 1680
```

2. (1) 5,5,−1,0

   (2) 5,−5,6,−5,5,−6

3. T. , .F. ,. T.

4. (1) .F. , . T. ,. F. , . T. ,. F.

   (2) .F. , .F. ,. T. ,. T. ,. F.

5. GO ,BYBYE ,YE!

6. 0,16,10,0

附:习题答案

一、选择题

1. C　2. B　3. C　4. C　5. C　6. D

7. C　8. B　9. A　10. D　11. D　12. B

二、填空题

1. 1.88　2. 15　3. HAPPY　4. SUNDAY 星期天

第 4 章　数据表的基本操作

4.1　学习指导

4.1.1　基本概念

1. 索引的概念及类型

对于经常查找的数据项，如果事先对它们进行排序并将排序结果和对应物理顺序的记录号的对照表保存到相应的文件（即为索引文件）中，那么，在对这个数据项查找时仅需在索引文件中进行，因为索引文件是按该数据项的大小顺序存放，所以很快就能定位。然后，系统通过索引文件中对照表就可得到该数据项在表文件中的实际位置，这就是索引技术，这个过程称为索引。

在 Visual FoxPro 中，索引有以下 4 类。

（1）主索引

作为主索引的索引关键字，表中所有记录的值必须唯一。只有数据库表才可建立主索引，一个数据库表只能建立一个主索引。自由表不能建立主索引。

（2）候选索引

候选索引的索引关键字，表中所有记录的值必须唯一。一个表可以建立多个候选索引，数据库表和自由表均可建立候选索引。

（3）普通索引

作为普通索引的索引关键字，其表中记录的值可重复。一个表可以建立多个普通索引，数据库表和自由表均可建立普通索引。

（4）唯一索引

唯一索引的索引关键字，表中记录的值可重复。但在索引文件中仅保存重复值记录的第一个。一个表可以建立多个唯一索引，数据库表和自由表均可建立唯一索引。

2. 工作区

工作区就是表可打开的区域。每个工作区有一个编号，在工作区中打开的表都有一个别名。一个工作区在任何时候都只能打开一个表。如果工作区中已经打开了一个表，则在该工作区中再打开另一个表时先打开的表会被自动关闭。系统启动后，如果没有选择工作区，则系统默认的当前工作区为 1 号工作区。

Visual FoxPro 提供了 32 767 个工作区，编号从 1 到 32 767，前 10 个工作区除使用 1～10 为编号外，还可以依次使用 A～J 10 个字母来表示，后者称为工作区别名。11～32 767 号工作区的名字可以用 W11、W12、…、W32767 表示。

4.1.2 基本操作

1. 表结构的创建

在“文件”菜单中选择“新建”命令，在弹出的“新建”对话框的“文件类型”中选择“表”，然后单击“新建文件”按钮，系统会弹出“创建”对话框。输入文件名后单击“保存”按钮即打开“表设计器”窗口。

2. 表的打开

选择“文件”菜单下的“打开”命令。

3. 数据记录的显示

选择“显示”菜单下的“浏览”命令。

4. 显示与修改表结构

选择“显示”菜单下的“表设计器”命令，打开“表设计器”窗口，将当前工作区中打开的数据表的结构显示在窗口中。可在“表设计器”窗口中直接进行表结构的修改。

5. 追加与插入记录

打开需要追加记录的数据表，选择系统窗口“显示”菜单下的“浏览”命令，打开“浏览”窗口。选择“显示”菜单下的“追加方式”命令或“表”菜单下的“追加新记录”命令，则浏览窗口中自动添加一条空白记录，等待输入记录数据。

6. 记录的定位

在“浏览”窗口中，可以通过单击鼠标来指定当前记录；或者打开“浏览”窗口后，选择“表”菜单中的“转向记录”命令，在下一级菜单中选择所需要指向的记录。

7. 记录的编辑与修改

可以选择“显示”菜单的“浏览”命令，或执行“BROWSE”命令打开“浏览”窗口。在表的“浏览”窗口中，按快捷键 Ctrl＋Y 后，可新生成空白记录，然后可填入数据。

在浏览窗口下，选择“显示”菜单中的“编辑”命令，可以打开“编辑”窗口，然后可进行修改。此外，还可以使用“EDIT”命令打开“编辑”窗口。

8. 删除记录

在“浏览”窗口打开时，使用“表”菜单下的“删除记录”命令，在弹出的对话框中设置删除范围和条件。

9. 表的过滤

字段过滤：打开“浏览”窗口后，选择“表”菜单下的“属性”命令，打开“工作区属性”对话框，在“允许访问”框中选择“字段筛选指定的字段”单选按钮。再单击“字段筛选”按钮，打开“字段选择器”对话框，从左边可选择需要的字段添加到右边“选定字段”列表框中。若要恢复显示所有字段，只要在“工作区属性”对话框中选择“工作区中的所有字段”单选按钮即可。

记录过滤：打开浏览窗口后，选择“表”菜单下的“属性”命令，打开“工作区属性”对话框，在“数据过滤器”文本框中输入过滤条件，或单击旁边的按钮，然后再打开的“表达式生成器”中设置条件。

10. 建立索引

利用表设计器中索引选项卡页面建立索引。

11. 选择工作区

在打开数据表的情况下，选择“窗口”菜单下的“数据工作期”命令，打开“数据工作期”窗口，选择打开的表所在工作区作为当前工作区。

12. 建立表之间的临时关系

在“数据工作期”窗口中单击“打开”按钮将表打开，然后在“别名”列表中，选定父表后，单击“关系”按钮，在“关系”列表框中就会出现父表别名，在“别名”列表中单击选定被关联的子表，在弹出的“设置索引顺序”对话框中选择一个索引作为子表的主控索引，单击“确定”按钮后在弹出的“表达式生成器”中设置建立关系的依据，再单击“确定”按钮即可完成临时关系的建立。

4.1.3 相关命令

创建数据表：CREATE 表名。

打开数据表：USE ＜表文件名＞|? [＜NOUPDATE＞|＜EXCLUSIVE＞]|[＜SHARED＞]。

关闭当前数据表：USE。

“浏览”窗口中浏览记录：BROWSE [FIELDS＜字段名表＞] [FOR ＜条件＞] [FREEZE＜字段名＞] [LOCK＜字段序号＞] [NOAPPEND] [NOMODIFY]。

窗口工作区显示记录：LIST| DISPLAY [FIELDS＜字段名表＞] [＜范围＞] [FOR ＜条件表达式＞] [WHILE＜条件表达式＞] [OFF] [TO PRINTER]。

显示表结构：LIST|DISPLAY STRUCTURE。

修改表结构：MODIFY STRUCTURE。

追加记录：APPEND [BLANK]。

插入记录：INSERT [BEFORE|AFTER] [BLANK]。

复制表：COPY TO 表文件名 [FIELDS＜字段列表＞] [＜范围＞] [FOR ＜条件表达式＞]。

复制表结构：COPY STRUCTER TO 表文件名 [FIELDS ＜字段列表＞]。

绝对移动：GO|GOTO TOP | BOTTOM | n。

相对移动：SKIP [n]。

查询定位：LOCATE [＜范围＞] [FOR ＜条件表达式＞]

CONTINUE。

记录的编辑与修改：EDIT| CHANGE [FIELDS ＜字段列表＞] [＜范围＞] [FOR ＜条件表达式＞]。

记录的批量修改：REPLACE [＜范围＞] 字段名 1 WITH 表达式 1 [ADDITIVE] [，字段名 2 WITH 表达式 2[ADDITIVE]] [，…] [FOR ＜条件表达式＞] 。

记录的逻辑删除：DELETE [＜范围＞] [FOR ＜条件表达式＞] 。

记录的恢复：RECALL [＜范围＞] [FOR ＜条件表达式＞] 。

记录的物理删除：PACK

ZAP。

过滤器的设置:SET FILTER TO [<条件表达式>]。

建立索引:INDEX ON 索引表达式 TAG 索引标识 [FOR <条件表达式>] [UNIQUE | CANDIDATE] [ASCENDING | DESCENDING]。

设置主控索引:SET ORDER TO [TAG <索引标识名>]。

累加求和:SUM [<表达式列表>] [<范围>] [FOR <条件表达式>] [TO <变量名列表>]| [TO <数组变量名>]。

求平均值:AVERAGE [<表达式列表>] [<范围>] [FOR <条件表达式>][TO <变量名列表>]| [TO <数组变量名>]。

计数命令:COUNT [<范围>] [FOR <条件表达式>] [TO <变量名>]| [TO <数组变量名>]。

分类汇总:TOTAL ON 表达式 TO 新表名 [<范围>] [FOR <条件表达式>] [FIELDS <字段列表>]。

选择工作区:SELECT 别名 | 工作区。

建立表之间的临时关系:SET RELATION TO [<关键字表达式 1> INTO <工作区别名 1> | <表别名 1>[,<关键字表达式 2> INTO <工作区别名 2> | <表别名 2> ...][ADDITIVE]]。

4.2 例题解析

一、选择题

【例 4-1】 在 Visual FoxPro 中,自由表和数据库表的字段名的最大长度分别为______。

A. 10 和 128　　B. 10 和 256　　C. 128 和 128　　D. 128 和 256

【答案】 A

【解析】 在 Visual FoxPro 中,系统规定自由表中的字段名最大长度为 10 个字符,而数据库表的字段名可为长名,最大长度为 128 个字符。

【例 4-2】 下列不属于 Visual FoxPro 所支持的数据类型是______。

A. 浮点型　　B. 常量型

C. 通用型　　D. 备注型(二进制)

【答案】 B

【解析】 Visual FoxPro 中所支持的数据类型有字符型、货币型、浮点型、数值型、日期型、日期时间型、双精度型、整型、逻辑型、备注型、通用型、字符型(二进制)、备注型(二进制)。常量型不属于 Visual FoxPro 的数据类型。

【例 4-3】 在 Visual FoxPro 中下列各项的数据类型所占长度为 4 个字节的是______。

A. 备注型和日期型　　B. 日期型和通用型

C. 备注型和通用型　　D. 日期型和逻辑型

【答案】 C

【解析】 在 Visual FoxPro 中，备注型和通用型占 4 个字节，日期型占 8 个字节，逻辑型占 1 个字节，且都是在设定数据类型时由系统默认的。

【例 4-4】 在 Visual FoxPro 中，要利用浏览器浏览当前表记录，应使用命令______。

A. USE　　B. BROWSE　　C. DISPLAY　　D. LIST

【答案】 B

【解析】 利用浏览器的方式浏览当前记录，可以直接在浏览器中浏览、修改、添加和删除表记录，最直接的方法就是利用 BROWSE 命令打开浏览器。LIST 和 DISPLAY 都只可用来显示表中的记录，并不具有浏览器的功能。

【例 4-5】 顺序执行下列语句，屏幕所显示的记录号顺序是______。

```
USE ABC
GOTO 6
LIST NEXT 5          && 假设表中共有 20 条记录
```

A. 1～5　　B. 1～6　　C. 6～10　　D. 6～11

【答案】 C

【解析】 利用 GOTO 命令将记录指针定位到记录号为 6 的记录上，NEXT 5 表示从当前记录起到其后的总共 5 条记录的范围，因此本题所显示的记录范围是从第 6 条记录开始到第 10 条记录。

【例 4-6】 要逻辑删除当前表中年龄大于 20 的女生，则下列命令中，正确的是______。

A. DELETE FOR 年龄＞20 AND 性别＝“女”

B. DELETE FOR 年龄＞20 OR 性别＝“女”

C. ZAP FOR 年龄＞20 AND 性别＝“女”

D. ZAP FOR 年龄＞20 OR 性别＝“女”

【答案】 A

【解析】 逻辑删除数据表中的记录可使用命令 DELETE，如指定条件需使用短语 FOR。依题意可知，本题所要满足的条件是“年龄大于 20 且是女生”，故应该使用 AND 连接。ZAP 命令直接物理删除当前表中的所有记录，没有条件短语。

【例 4-7】 在当前表中查找少数民族学生的记录，应输入命令______。

A. LOCATE FOR 民族！＝“汉”
　 LOOP

B. LOCATE FOR 民族！＝“汉”
　 SKIP

C. LOCATE FOR 民族！＝“汉”
　 CONTINUE

D. LOCATE FOR 民族！＝“汉”
　 NEXT

【答案】 C

【解析】 利用 LOCATE FOR 命令可以按指定的条件查询记录，该命令执行后将记录指针定位到满足条件的第一条记录上，如果使指针继续指向下一条满足条件的记录，应使用 CONTINUE 命令。

【例 4-8】 在没有打开索引的情况下，以下各组中的两条命令，执行结果相同的是______。

A. LOCATE FOR RECON( )=6 与 SKIP 6

B. SKIP RECON( )+6 与 GO RECON( )+6

C. GO RECON( )+6 与 SKIP 6

D. GO RECON( )+6 与 LIST NEXT 6

【答案】 C

【解析】 假设当前记录号为 2，即 RECON( )的值为 2，则答案中的各条语句所定位的记录号分别为：

LOCATE FOR RECON( )=6	6
SKIP RECON( )+6⇔SKIP 8	10
GO RECON( )+6⇔GO 8	8
SKIP 6	8
LIST NEXT 6	7

【例 4-9】 在 Visual FoxPro 中，结构复合索引文件的特点是______。

A. 随表的打开而自动打开

B. 在同一个索引文件中能包含多个索引方案或索引关键字

C. 在添加、更改或删除记录时自动维护索引

D. 以上各项均正确

【答案】 D

【解析】 在 Visual FoxPro 中，与表同名的. CDX 索引是一种结构复合索引文件，其特点是在打开表时自动打开。在同一个索引文件中能包含多个索引方案或索引关键字。在添加、更改或删除记录时自动维护索引。

【例 4-10】 在 Visual FoxPro 中，对索引快速定位的命令是______。

A. LOCATE FOR　　B. FOUND　　C. SEEK　　D. GOTO

【答案】 C

【解析】 在 Visual FoxPro 中，利用 SEEK 命令，可根据指定索引项或索引关键字的值快速定位，还可根据索引序号或索引名指定按哪个索引定位，并能以升序或降序定位。

【例 4-11】 要同时打开多个数据表文件，可用来选择不同工作区的命令是______。

A. USE　　　　　　　　　　　　　　　B. OPEN

C. SELECT　　　　　　　　　　　　　D. 以上命令都可以

【答案】 C

【解析】 在 Visual FoxPro 中,如果要在同一时刻打开多个表,则只需要利用 SELECT 命令选择不同的工作区并打开不同的表。最小的工作区号是 1,最大的工作区号是 32 767,即可以同时打开 32 767 个表。

【例 4-12】 Visual FoxPro 中的 SET RELATION 关联操作是一种______。

A. 逻辑排序　　B. 物理排序　　C. 逻辑连接　　D. 物理连接

【答案】 C

【解析】 在数据库设计器中建立的表关联,是一种永久性的关联,但它不能控制不同工作区中记录指针的联动,因此人们也需要建立一种控制表间记录指针关系的临时联系,利用 SET RELATION 命令可以建立这种临时的逻辑连接。

二、填空题

【例 4-13】 要修改指定的数据表结构,首先应该________,然后利用________命令进入表设计器进行修改。

【答案】 打开数据表　MODIFY STRUCTURE

【解析】 修改数据表结构,首先应该打开数据表文件,然后利用 MODIFY STRUCTURE 命令打开表设计器,进行数据表结构的修改,否则系统将修改当前表结构或弹出"打开"对话框,选择要修改的表文件。

【例 4-14】 利用________命令可以直接打开浏览器窗口,浏览数据表中的记录。要在表末尾添加一条记录,可利用快捷键________,与在命令窗口中输入________命令等效。

【答案】 BROWSE　Ctrl+Y　APPEND BLANK

【解析】 在交互式工作方式下,打开浏览器浏览表记录最简单、方便的方法就是利用 BROWSE 命令。在浏览器中可通过多种方法实现记录的添加、删除和修改等操作。

【例 4-15】 利用________和________命令,均可以交互式地对当前表记录进行编辑或修改。

【答案】 EDIT　CHANGE

【解析】 EDIT 和 CHANGE 命令都是以交互方式对当前表记录进行编辑或修改。

【例 4-16】 在 Visual FoxPro 中,SKIP 命令按________顺序定位,如果使用索引时,则按________顺序定位。

【答案】 物理　索引项

【解析】 在 Visual FoxPro 中,SKIP 命令是按物理顺序定位记录的,如果使用了索引,则按索引项的顺序定位。

【例 4-17】 在 Visual FoxPro 中，有________、________、________和________4 种索引类型。其中，每个表文件只能建立一个________。

【答案】 主索引 候选索引 普通索引 唯一索引 主索引

【解析】 在 Visual FoxPro 中有主索引、候选索引、普通索引和唯一索引 4 种索引类型。由于主索引中不允许出现重复值，且一个表只能有一个主关键字，因此一个表只能建立一个主索引。

【例 4-18】 执行下列语句后，程序显示的是数据表________中的记录。

```
USE 班级表 IN 1
USE 学生表 IN 2
LIST
```

【答案】 班级表

【解析】 本题中的前两个命令是分别在 1、2 号工作区打开数据表文件“班级表”和“学生表”，但并没有利用 SELECT 选择工作区，当前工作区仍然是系统默认的 1 号工作区，所以利用 LIST 命令显示的是班级表中的记录。

三、操作题

【例 4-19】 ①创建学生信息表结构，学生信息表文件名为 xs，然后输入数据；②创建课程信息表结构，课程信息表文件名为 kc，然后输入数据；③创建学生成绩信息表结构，成绩信息表文件名为 xskc，然后输入数据。

【操作步骤】

① 选择“文件”菜单的“新建”命令→打开“新建”对话框，选择“文件类型”为“表”，单击“新建文件”按钮→打开“创建”对话框，在输入 xs 文件名后，单击“保存”按钮，即打开表设计器窗口。或者使用命令：create xs，也可以打开“表设计器”窗口，如图 4-1 所示。

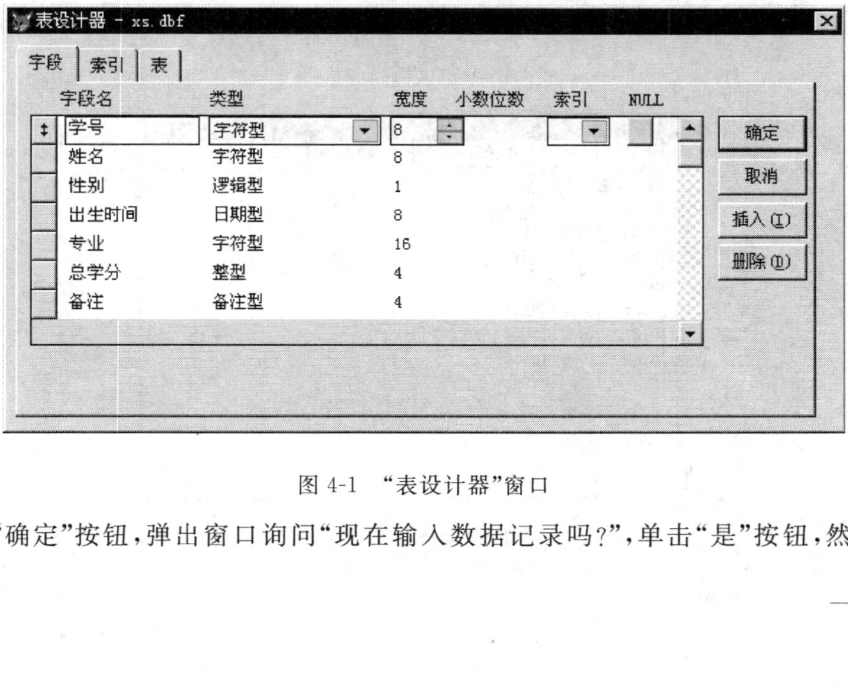

图 4-1 “表设计器”窗口

单击“确定”按钮，弹出窗口询问“现在输入数据记录吗?”，单击“是”按钮，然后输入如

图 4-2所示的数据。

Xs

学号	姓名	性别	出生时间	专业	总学分	备注
01040101	赵方华	T	1984-02-05	计算机科学与技术	40	memo
01040102	李　红	F	1985-12-16	计算机科学与技术	42	memo
01040103	张仁松	T	1979-01-01	计算机科学与技术	40	Memo
01040104	罗忠华	T	1984-08-05	计算机科学与技术	40	memo
01040105	谢　奇	T	1985-06-05	计算机科学与技术	40	memo
01040106	王忠芳	F	1983-12-10	计算机科学与技术	38	memo
01040201	陈　青	T	1984-05-01	电子信息工程	44	memo
01040202	庞　萍	F	1985-09-10	电子信息工程	42	memo
02040101	李长兴	T	1984-08-02	国际经济与贸易	38	memo
02040201	李华龙	T	1984-10-02	工商管理	40	memo

图 4-2　xs 表的内容

② 使用相同的步骤建立 kc 表,然后输入如图 4-3 和图 4-4 所示的数据。

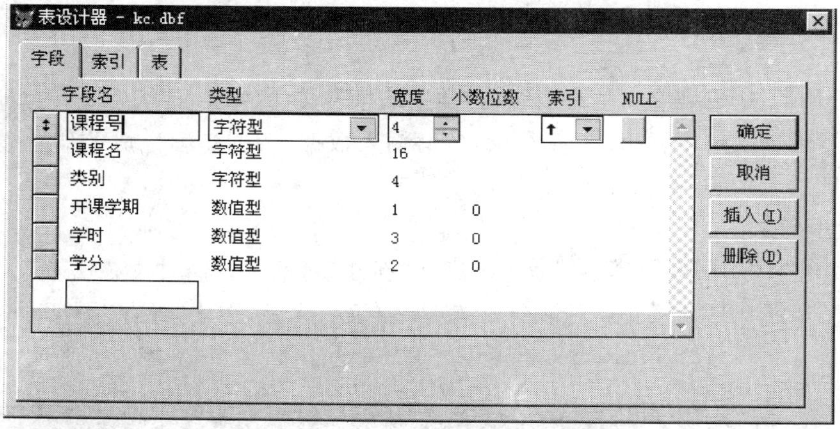

字段名	类型	宽度	小数位数	索引	NULL
课程号	字符型	4		↑	
课程名	字符型	16			
类别	字符型	4			
开课学期	数值型	1	0		
学时	数值型	3	0		
学分	数值型	2	0		

图 4-3　设计 kc 表

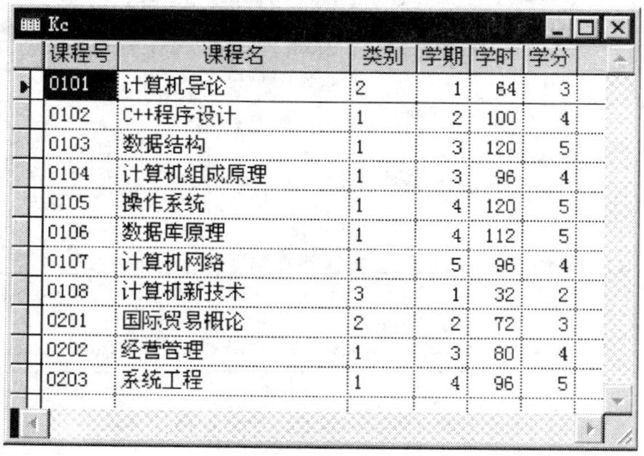

Kc

课程号	课程名	类别	学期	学时	学分
0101	计算机导论	2	1	64	3
0102	C++程序设计	1	2	100	4
0103	数据结构	1	3	120	5
0104	计算机组成原理	1	3	96	4
0105	操作系统	1	4	120	5
0106	数据库原理	1	4	112	5
0107	计算机网络	1	5	96	4
0108	计算机新技术	3	1	32	2
0201	国际贸易概论	2	2	72	3
0202	经营管理	1	3	80	4
0203	系统工程	1	4	96	5

图 4-4　kc 表的内容

③ 使用相同的步骤建立 xskc 表，然后输入如图 4-5 和图 4-6 所示的数据。

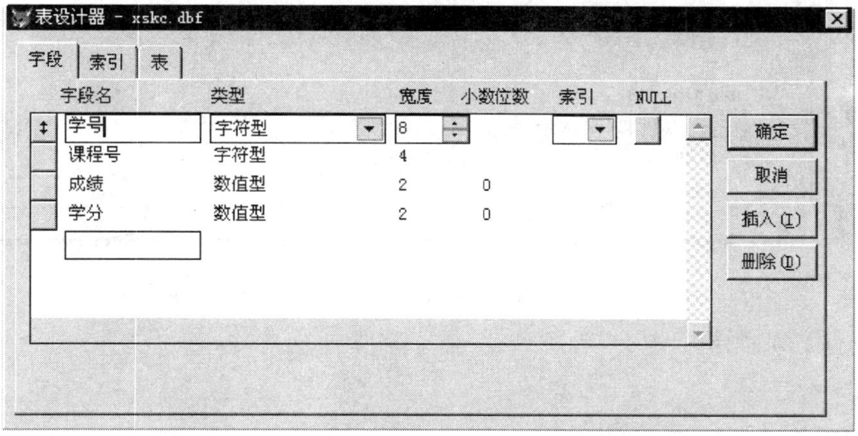

图 4-5　设计 xskc 表

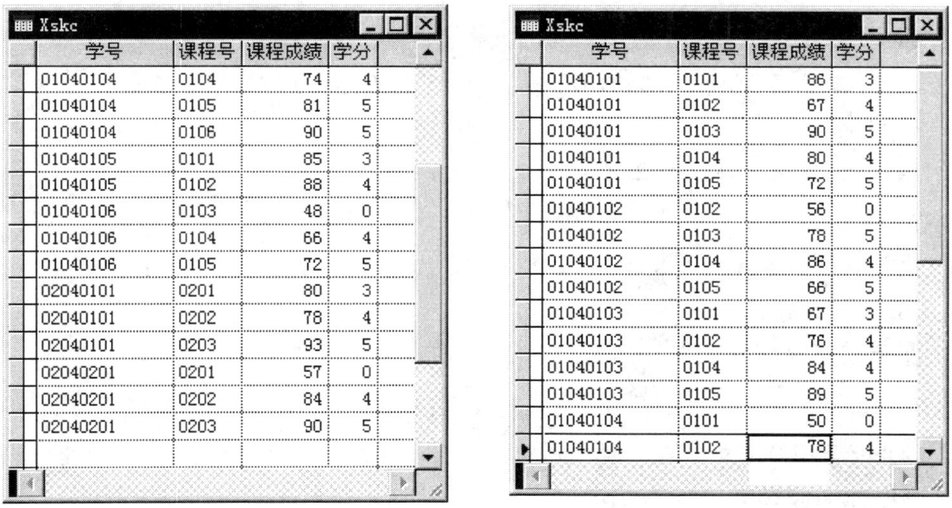

学号	课程号	课程成绩	学分
01040104	0104	74	4
01040104	0105	81	5
01040104	0106	90	5
01040105	0101	85	3
01040105	0102	88	4
01040106	0103	48	0
01040106	0104	66	4
01040106	0105	72	5
02040101	0201	80	3
02040101	0202	78	4
02040101	0203	93	5
02040201	0201	57	0
02040201	0202	84	4
02040201	0203	90	5

学号	课程号	课程成绩	学分
01040101	0101	86	3
01040101	0102	67	4
01040101	0103	90	5
01040101	0104	80	4
01040101	0105	72	5
01040102	0102	56	0
01040102	0103	78	5
01040102	0104	86	4
01040102	0105	66	5
01040103	0101	67	3
01040103	0102	76	4
01040103	0104	84	4
01040103	0105	89	5
01040104	0101	50	0
01040104	0102	78	4

图 4-6　xskc 表的内容

【例 4-20】 ①对表追加记录并浏览；②修改表记录；③删除恢复表记录；④显示表记录；⑤表的计算。

【操作步骤】

① 执行下列命令：

```
USE xs
APPEND                              && 输入若干条数据记录，如图 4-7 所示
SET date TO ymd
SET cent on
BROWSE
USE
```

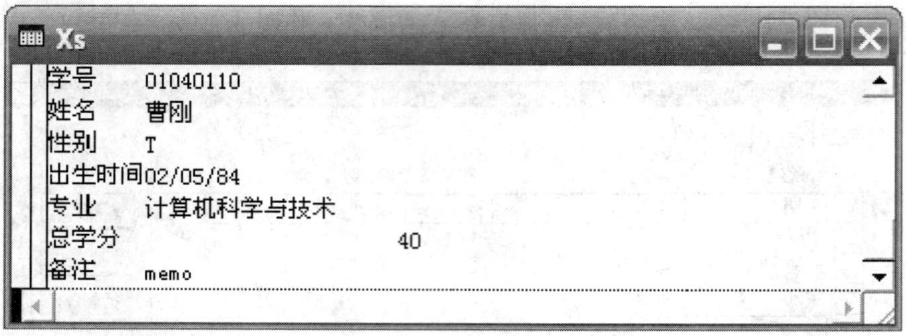

图 4-7　向 xs 表输入数据

② 执行下列命令：

```
USE xs
BROWSE
APPEND blank
BROWSE
GO bottom
REPLACE 学号 with "01040107",姓名 with"林天祥",备注 with"班长"
BROWSE
REPLACE 备注 with "院学生会主席"for 姓名 ="张仁松"
? xs.备注
```

③ 执行下列命令：

```
USE xs
BROWSE
? reccount(  )
SET DELETE OFF
DELETE FOR 学号 ="01040107"
BROWSE                    && 如图 4-8 所示,最后一条记录左边有黑块为删除标记
LIST                      && 如图 4-9 所示,最后一条记录左边有 * 为删除标记
? reccount(  )
SET DELETE ON
BROWSE
LIST
? reccount(  )
RECALL FOR 学号 ="01040107"
BROWSE
LIST
DELETE FOR 学号 ="01040107"
```

```
PACK
? reccount( )
BROWSE
LIST
USE
```

Xs

学号	姓名	性别	出生时间	专业	总学分	备注
01040101	赵方华	T	02/05/84	计算机科学与技术	40	memo
01040102	李　红	F	12/16/85	计算机科学与技术	42	memo
01040103	张仁松	T	01/01/79	计算机科学与技术	40	Memo
01040104	罗忠华	T	08/05/84	计算机科学与技术	40	memo
01040105	谢　奇	T	06/05/85	计算机科学与技术	40	memo
01040106	王忠芳	F	12/10/83	计算机科学与技术	38	memo
01040201	陈　青	T	05/01/84	电子信息工程	44	memo
01040202	庞　萍	F	09/10/85	电子信息工程	42	memo
02040101	李长兴	T	08/02/84	国际经济与贸易	38	memo
02040201	李华龙	T	10/02/84	工商管理	40	memo
01040110	曹刚	T	02/05/84	计算机科学与技术	40	memo
01040107	林天祥		/ /		0	Memo

图 4-8　xs 表中的删除标记

记录号	学号	姓名	性别	出生时间	专业	总学分	备注
1	01040101	赵方华	.T.	02/05/84	计算机科学与技术	40	memo
2	01040102	李　红	.F.	12/16/85	计算机科学与技术	42	memo
3	01040103	张仁松	.T.	01/01/79	计算机科学与技术	40	Memo
4	01040104	罗忠华	.T.	08/05/84	计算机科学与技术	40	memo
5	01040105	谢　奇	.T.	06/05/85	计算机科学与技术	40	memo
6	01040106	王忠芳	.F.	12/10/83	计算机科学与技术	38	memo
7	01040201	陈　青	.T.	05/01/84	电子信息工程	44	memo
8	01040202	庞　萍	.F.	09/10/85	电子信息工程	42	memo
9	02040101	李长兴	.T.	08/02/84	国际经济与贸易	38	memo
10	02040201	李华龙	.T.	10/02/84	工商管理	40	memo
11	01040110	曹刚	.T.	02/05/84	计算机科学与技术	40	memo
12	*01040107	林天祥	.F.	/ /		0	Memo

图 4-9　报表中的删除标记

④ 执行下列命令：

```
SET EXACT OFF
USE XS
? recno( ),学号
DISPLAY FIELDS 学号,姓名,总学分 while 学号="02"
GO 9
DISPLAY FIELDS 学号,姓名,总学分 while 学号="02"
GO TOP
```

```
LIST FIELDS 学号,姓名,总学分 for 学号 ="02"
SET FILTER TO 学号 ="02"
LIST
BROWSE
SET FILTER TO
LIST
GO bottom
? recno( )
SKIP
? eof( )
USE
```

⑤ 执行下列命令：

```
SET TALK OFF
USE XS
COUNT TO n
?"学生数 =",n
USE
SET TALK ON
USE kc
SUM
USE xskc
SUM 学分 FOR 学号 ="01040101" TO sxf
USE
? sxf
USE xskc
AVERAGE 成绩 FOR 课程号 ="0101" TO akc
? akc
USE
```

【例 4-21】 ①建立表的索引；②使用索引；③建立表间的临时关系。

【操作步骤】

① 使用命令为 xs 表建立索引。

```
USE xs
INDEX ON 学号 TAG xh
INDEX ON 姓名 TAG xm
```

```
INDEX ON dtoc(出生时间) + 姓名 TAG sjxm
USE
```

② 使用索引。

```
USE xs order TAG sjxm
BROWSE
SET ORDER TO 1
BROWSE
SEEK "01040105"
DISPLAY
SET ORDER TO TAG xm
BROWSE
SEEK "庞"
DISPLAY
SET ORDER TO 0
BROWSE
LOCATE FOR 学号 ="01040105"
DISPLAY
USE
```

③ 建立成绩表(xskc)的"学号"字段与学生表(xs)的 xh 索引之间一对多关系；建立成绩表(xskc)的"课程号"字段与课程表(kc)的 kch 索引之间一对多关系。

首先，建立学生(xs)表、课程(kc)表和成绩(xskc)表结构化复合索引。

学生(xs)表：索引名 xh、候选索引、索引表达式为"学号"。

课程(kc)表：索引名 kch、候选索引、索引表达式为"课程号"。

成绩(xskc)表：索引名 xskc、候选索引、索引表达式为"学号＋课程号"；

索引名 xh、普通索引、索引表达式为"学号"；

索引名 kch、普通索引、索引表达式为"课程号"。

然后执行下列命令：

```
USE xs in 0 ORDER TAG xh
USE kc in 0 ORDER TAG kch
USE xskc IN 0 ORDER 1
SELECT xskc
SET relation TO 学号 INTO xs
SET relation TO 课程号 INTO kc additive
BROWSE FIELDS 学号,xs.姓名,课程号,kc.课程名,成绩,学分
CLOSE ALL
```

结果是 xskc、xs 及 kc 三表联动，如图 4-10 所示。

Xskc

学号	姓名	课程号	课程名	成绩	学分
01040101	赵方华	0101	计算机导论	86	3
01040103	张仁松	0101	计算机导论	67	3
01040104	罗忠华	0101	计算机导论	50	0
01040105	谢　奇	0101	计算机导论	85	3
01040101	赵方华	0102	C++程序设计	67	4
01040102	李　红	0102	C++程序设计	56	0
01040103	张仁松	0102	C++程序设计	76	4
01040104	罗忠华	0102	C++程序设计	78	4
01040105	谢　奇	0102	C++程序设计	88	4
01040101	赵方华	0103	数据结构	90	5
01040102	李　红	0103	数据结构	78	5
01040104	罗忠华	0103	数据结构	99	2
01040106	王忠芳	0103	数据结构	48	0
01040101	赵方华	0104	计算机组成原理	80	4
01040102	李　红	0104	计算机组成原理	86	4
01040103	张仁松	0104	计算机组成原理	84	4
01040104	罗忠华	0104	计算机组成原理	74	4
01040106	王忠芳	0104	计算机组成原理	66	4
01040101	赵方华	0105	操作系统	72	5
01040102	李　红	0105	操作系统	66	5
01040103	张仁松	0105	操作系统	89	5
01040104	罗忠华	0105	操作系统	81	5
01040106	王忠芳	0105	操作系统	72	5
01040104	罗忠华	0106	数据库原理	90	5
01040106	王忠芳	0107	计算机网络	99	2
01040101	赵方华	0108	计算机新技术	[illegible]	[illegible]

图 4-10　xskc、xs 及 kc 三表联动

4.3　习　题

一、选择题

1. 如果要给当前表增加一个字段，应执行命令______。
   A. APPEND BLANK　　　　B. MODIFY STRUCTURE
   C. INSERT BLANK　　　　D. EDIT

2. 如果将表中的一个字符型字符宽度由 20 改为 12，再浏览改字段的内容，会发现原来存在于此字段中的记录______。
   A. 全部丢失　　　　B. 仍保留 20 位
   C. 只保留前 12 位的字符　　　　D. 凡超过 12 位的记录全部被删除

3. 用 LIST STRUCTURE 命令显示数据表各字段总宽度为 29，则用户可使用的字段

的总宽度为______。

A. 28　　B. 29　　C. 30　　D. 31

4. 某数据表中只包含1个日期型字段、1个备注型字段和1个逻辑型字段，则该数据表的记录长度为______。

A. 13　　B. 14　　C. 17　　D. 18

5. 一个表的所有备注字段的内容存储在______。

A. 同一个表备注文件中　　B. 多个表备注文件中

C. 同一个表文件中　　D. 同一个库备注文件中

6. 要分别对数据表结构和数据表记录进行修改，应该在______。

A. 表设计器中进行　　B. 表浏览器中进行

C. 表设计器和表浏览器中进行　　D. 表浏览器和表设计器中进行

7. 数据表中的记录暂时不使用，为了提高数据表的使用效率，对这些记录应该______。

A. 逻辑删除　　B. 物理删除　　C. 进行筛选　　D. 进行排序

8. 在对表文件的多个记录进行统一修改时，最方便的方法是执行命令______。

A. BROWSE　　B. EDIT　　C. CHANGE　　D. REPLACE

9. 在表浏览器中使用快捷键Ctrl＋Y，相当于______。

A. 在表中插入一条新的空白记录　　B. 在表末尾追加一条新的空白记录

C. 进入记录的追加状态　　D. INSERT BLANK

10. 如果要物理删除当前表中的某些记录，应先后执行两条命令______。

A. DELETE、ZAP　　B. PACK、ZAP

C. DELETE、PACK　　D. ZAP、PACK

11. 在Visual FoxPro中，表中记录的总长度要比各字段的长度之和多出1个字节，这样用来______。

A. 存放记录的分割标记　　B. 存放记录的删除标记

C. 存放记录的记录号　　D. 便于记录指针的定位

12. 成绩表中有语文、数学和计算机3个字段，要将每个学生的3科成绩的总分汇总后存放到总分字段中，应使用命令______。

A. REPLACE ALL 语文＋数学＋计算机 TO 总分

B. TOTAL 语文＋数学＋计算机 TO 总分

C. SUM 语文,数学,计算机 TO 总分

D. REPLACE ALL 总分 WITH 语文＋数学＋计算机

13. 假设工资表已打开,要把指针定位在第一个工资大于 2000 元的记录上,应执行______。

A. SEEK FOR 工资＞2000　　B. FIND FOR 工资＞2000

C. LOCATE FOR 工资＞2000　　D. LIST FOR 工资＞2000

14. 在 Visual FoxPro 中,可以使用 FOUND(　)函数检查查询记录是否成功的命令包括______。

A. LIST FIND SEEK　　B. FIND SEEK DISPLAY

C. LOCATE FIND SEEK　　D. LOCATE SEEK LIST

15. 打开一个建立了结构复合索引的数据表文件,下列不能肯定将记录指针定位到 1 号记录的命令是______。

A. GOTO 1　　B. GO TOP

C. GO 1　　D. LOCATE ALL FOR RECNO(　)＝1

16. 关于 ZAP 命令,下列说法正确的是______。

A. 可以逻辑删除表中的所有记录

B. 可以按指定的条件物理删除表中的记录

C. 只能删除表中所有带删除标记的记录

D. 将表中记录清空,但仍保留数据表结构

17. 假设表中有 10 条记录,当前记录号为 3,在无索引的状态下,执行命令 LIST NEXT 4 后,窗口中显示的记录范围是______。

A. 3～4　　B. 3～6　　C. 3～7　　D. 4～7

18. 要删除成绩表中"总分"字段的数据,应执行命令______。

A. MODIFY STRUCTURE　　B. DELETE FOR 总分

C. ZAP 总分　　D. REPLACE 总分 WITH

19. 在 REPLACE 命令中,如果使用范围子句 REST 或 ALL,则执行该命令后,记录指针指向______。

A. 首记录　　B. 表文件头

C. 最后一条记录　　D. 表文件尾

20. 成绩表中的记录按总分降序索引后，再执行 GO TOP 命令，则当前记录号为______。

A. 0　　B. 1

C. 总分最高的记录号　　D. 总分最低的记录号

21. 在 Visual FoxPro 中，有关索引的命令有多种，下列命令中错误的是______。

A. SET ＜表文件名＞ INDEX ON ＜索引文件名＞

B. USE ＜表文件名＞ INDEX ＜索引文件名＞

C. INDEX ON 学号 TO ＜索引文件名＞

D. SET INDEX TO ＜索引文件名＞

22. Visual FoxPro 支持的两种类型的索引文件是______。

A. 单索引文件和复合索引文件　　B. 单索引文件和主索引文件

C. 主索引文件和复合索引文件　　D. 专用索引文件和普通索引文件

23. 在 Visual FoxPro 中，将当前索引文件中的"姓名"设置为当前索引，应执行______。

A. SET ORDER 姓名　　B. SET ORDER TAG 姓名

C. SET ORDER TO TAG 姓名　　D. USE INDEX TO TAG 姓名

24. 当打开数据表及其相关索引时，有关主索引的叙述正确的是______。

A. 可以将文件同时设置多个主索引

B. 同一时刻只能将一个索引文件设置为主索引

C. 只要指定主索引文件，就不能更改关于主索引文件的设置

D. 索引文件只要打开就能对记录操作起作用

25. 以下关于索引的说明中，错误的是______。

A. 索引可以提高查询速度

B. 索引可能降低更新速度

C. 索引和排序的含义并不相同

D. 建立索引后，不能更新有索引的字段内容

26. 对学生表建立以出生日期(D,8)和总分(N,6,2)升序的多字段结构符合索引，其正确的索引关键字表达式为______。

A. 出生日期＋总分　　B. 出生日期＋STR(总分,7,2)

C. DTOC(出生日期)＋总分　　D. DTOC(出生日期)＋STR(总分,7,2)

27. 在 Visual FoxPro 的数据工作期窗口中，执行 SET RELATION 命令可以建立两个表之间的关联，这种关联是______。

A. 任意关联　　B. 永久性关联

C. 临时性关联　　　　D. 根据情况而定

28. 命令 SELECT 0 的功能是______。
A. 选择区号最小的空闲工作区　　B. 选择区号最大的空闲工作区
C. 选择当前工作区的下一个工作区　　D. 随机选择一个工作区

29. 以下叙述中错误的是______。
A. 工作区的系统别名和用户定义的数据表别名可以交替使用
B. 在某个工作区打开的数据表原名和工作区别名可以交替使用
C. 在选择工作区时，打开的数据表原名和数据表别名可以交替使用
D. 在选择工作区时，工作区号、系统别名或打开的数据表别名可以交替使用

30. 以下叙述正确的是______。
A. 自由表字段名最长 20 个字符　　B. 数据库表字段名最长 100 个字符
C. 字段名中可以有空格　　D. 字段名中不可以有空格

31. 以下关于索引的叙述正确的是______。
A. 使用索引可以提高查询速度和更新速度
B. 使用索引可以提高查询速度，但会降低更新速度
C. 使用索引可以提高查询速度，对更新速度没有影响
D. 使用索引对查询速度和更新速度均没有实质影响

32. 要为当前表所有职工增加 100 元工资，应该执行命令______。
A. CHANGE 工资 WITH 工资＋100
B. REPLACE 工资 WITH 工资＋100
C. CHANGE ALL 工资 WITH 工资＋100
D. REPLACE ALL 工资 WITH 工资＋100

33. 当前工资表中有 108 条记录，当前记录号为 8，用 SUM 命令计算工资总和时，若默认＜范围＞短语，则系统将______。
A. 只计算当前记录的工资值　　B. 计算前 8 条记录的工资和
C. 计算后 8 条记录的工资和　　D. 计算全部记录的工资和

34. 在当前表中，查找第二个女同学的记录，应执行的命令是______。
A. LOCATE FOR 性别＝"女" NEXT 2
B. LOCATE 性别＝"女" NEXT 2
C. LOCATE FOR 性别＝"女"
CONTINUE
D. LIST FOR 性别＝"女" NEXT 2

35. 如果需要给当前表增加一条记录，不能执行的命令是______。

A. APPEND　　B. MODIFY STRUCTURE

C. INSERT　　D. EDIT

36. 已知当前表中有 60 条记录，当前记录号为 6。如果执行命令 SKIP 3 后，则当前为第______号记录。

A. 3　　B. 4　　C. 8　　D. 9

37. 在 Visual FoxPro 的表结构中，逻辑型、日期型和备注型字段的宽度分别为______。

A. 1、8、10　　B. 1、8、4　　C. 3、8、10　　D. 3、8、任意

38. 要打开多个数据表文件，应该在多个______。

A. 工作区中　　B. 数据库中　　C. 工作期中　　D. 项目中

39. 在表浏览器中，若要恢复逻辑删除的若干记录，应该______。

A. 重新输入　　B. 立即按 Esc 键

C. 用鼠标重新单击删除标识　　D. 用 SET DELETE OFF 命令

40. 已知"是否通过"字段为逻辑型，要显示所有未通过的记录应执行命令______。

A. LIST FOR 是否通过　　B. LIST FOR NOT 是否通过<>. T.

C. LIST FOR "是否通过"　　D. LIST FOR NOT 是否通过

41. 在 Visual FoxPro 中，执行 AVERAGE 命令时，表文件需要______。

A. 排序　　B. 建立索引

C. 排序或建立索引　　D. 都不需要

42. 当前数据表中，"体育达标"字段为逻辑类型，要显示所有未达标的记录应执行命令______。

A. LIST FOR 体育达标　　B. LIST FOR 体育达标<>. T.

C. LIST FOR . NOT. 体育达标　　D. LIST FOR . NOT. "体育达标"

43. 在 ZGGZ. DBF 第二条记录后插入一条空记录的命令是______。

A. USE ZGGZ
GO 2
INSERT BEFORE

B. USE ZGGZ
GO 2
INSERT BLANK

C. USE ZGGZ
SKIP 2
INSERT BEFORE

D. USE ZGGZ
SKIP
INSERT

44. 设 1 号工作区上已打开别名为“ZGGZ”的表文件，当前工作区为 2 号区，下述命令不能使 1 号工作区成为主工作区的是______。

A. SELECT 1　　B. SELECT 0　　C. SELECT A　　D. SELECT ZGGZ

45. 执行以下命令时，＜表文件名＞处可以是当前打开的表文件名的是______。

A. COPY TO ＜表文件名＞ STRUCTURE

B. CREATE ＜表文件名＞ FROM ＜表文件名＞

C. SORT TO ＜表文件名＞

D. USE ＜表文件名＞

二、填空题

1. 在定义表结构时，要定义表中每个字段的________、________和________。如果以后要再次修改数据表结构，可执行________命令打开表结构设计器。
2. 数据表文件一般包括________和________两部分，浏览数据表中的记录，最简单快捷的方法是在命令窗口中输入________命令，打开浏览器窗口进行浏览。
3. 向表中添加一条新记录，可以使用命令________或________。
4. 逻辑删除表中的记录可以使用________命令，若要在此基础上进行物理删除，则应该使用________命令。
5. 假设当前表中有 10 条记录，当前记录指针指向记录号为 5 的记录，在无索引的状态下执行命令 LIST NEXT 1，则当前记录记录号为________，再执行 SKIP-5，则当前的记录号为________。
6. “成绩表”中有“民族”字段，要将其中的所有少数民族的学生“总分”加 10，完成下列语句的空白处，REPLACE ________ WITH ________ FOR ________。
7. 将记录指针定位于第一个满足条件的记录上，可使用________命令，如果要继续查找满足条件的记录，可执行________命令。
8. Visual FoxPro 中支持的两类索引，即________和________，能够随表文件打开而自动打开的是________。
9. 将当前表中的文件内容复制到指定的表文件中，应使用________命令，将当前表的结构复制成一个新的数据表文件时，应使用________________命令。
10. 实现表之间的临时关联的命令是________________。
11. 表别名一般有两个，分别是__________和__________，利用__________命令可以选择不同的工作区。
12. 在 Visual FoxPro 中，同一时刻最多允许打开__________个数据表文件。
13. 如果要在已建立临时关联的表上再建立一个临时关联，并保持原来的关联不变，应使用__________短语。
14. 在自由表中，不能建立的索引类型是__________，且自由表中每个字段名的宽度最大为__________个字符。
15. 在当前表中已经删除的男生记录恢复的命令为________________。
16. 在 Visual FoxPro 中删除记录有__________和__________两种。__________只是

在记录旁做删除记录，必要时还可以去掉删除标记恢复记录，而__________是将那些有删除标记的记录从表中删除。

17. COUNT、SUM 和 AVERAGE 命令中默认＜范围＞短语时，都是指表中的__________记录。

18. 索引一旦建立，它将决定数据表中记录的__________顺序。

4.4 教材习题答案

一、选择题

1. B 2. A 3. C 4. C 5. B 6. C 7. D 8. D 9. B 10. D
11. D 12. D 13. A 14. C 15. C 16. A 17. B 18. A 19. C 20. B
21. B 22. B 23. A 24. C 25. B 26. C 27. B 28. D

二、填空题

1. 8
2. USE STUDENT ALIAS ST
3. CONTINUE
4. 11 .F.
5. SELECT 3/SELECT C SELECT 0
6. 重复值
7. 索引
8. ALL
9. 表文件
10. 别名.字段名/别名→字段名
11. 入学成绩＞580 AND 籍贯＝“湖南”
12. 学号
13. DTOC(出生日期)＋STR (基本工资,7,2)
14. LIST NEXT5 DISPLAY NEXT 5
15. REPLACE ALL 实发工资 WITH 基本工资＋奖金－所得税

三、思考题

1. 主索引用于约束表中记录的唯一性，表中所有记录的主索引表达式的值不能重复。主索引只能建立在数据库表中，一张表有且只有一个。主索引可以用来实现表的实体完整性约束。候选索引具有和主索引相同的特性，但是候选索引既可以在数据库表中建立，也可以在自由表中建立，而且一张表可以有多个候选索引。

2. ＜范围＞选项有 4 种选择：ALL 表示全部记录；Next N 表示从当前记录开始的 N 条记录；Record N 表示第 N 条记录；Rest 表示从当前记录开始到表末的所有记录。

FOR＜条件＞ 表示在范围子句指定的范围内对满足条件的所有记录都进行相关的操

作。FOR＜条件＞ 和 WHILE＜条件＞的区别在于：前者表示对指定范围内的所有满足条件的记录进行处理；后者则由当前记录开始顺序地对记录按条件进行比较，一旦遇到不符合条件的记录就结束命令的操作，记录指针将定位在第一条不满足条件的记录上，而不管后续的记录是否满足条件。

3. SEEK 命令的特点是在使用这条命令前要先建立索引，并且只能按当前索引的索引关键字搜索。SEEK ＜表达式＞，使用命令前必须先打开索引文件，并指定主控索引，“表达式”的类型和含义必须和主控索引的索引关键字的类型与含义相匹配。LOCATE＜范围＞FOR＜条件表达式＞，命令中指定的范围内由当前记录的下一条记录开始，依次查找符合 LOCATE 命令中指定条件的记录。若查找到了，FOUND( )函数值为. T.；否则 FOUND( )函数值. F.。

4. 菜单方式可以利用“数据工作期”窗口建立临时关系，在“数据工作期”窗口的“别名”列表中选择父表，加入到“关系”列表中；在“别名”列表中选择子表，弹出“设置索引顺序”对话框，选择一个索引作为子表的主控索引；在“表达式生成器”对话框中设置建立关系的依据，单击“确定”建立了两个表之间的临时关系。

命令方式使用 Set Relation To＜关键字表达式＞ Into＜子表＞命令建立临时关系，需要注意的是建立临时关系的父表和子表必须能够建立关联条件，通常情况是具有相同的字段。建立关系时，父表是当前表，子表必须按＜关键字表达式＞建立索引，并设为主控索引。

5. (1) BROWSE FOR 是否党员

(2) REPLACE ALL 学号 WITH “Y”＋SUBSTR(学号,2) FOR 专业＝“英语”

(3) INDEX ON 学号 TAG XB

(4) SUM 贷款 TO DK

(5) REPLACE 贷款 WITH 贷款＊1.2 FOR 专业＝“美术”

(6) COPY TO NEW FIELDS 姓名，出生日期，专业 FOR YEAR(出生日期)＞1980

(7) TOTAL ON 专业 TO DKHZ FIELDS 贷款

4.5 实验题

1. 某零售商经销的商品信息如表 4-1 所示。

表 4-1 某零售经销的商品信息

商品编号	商品名称	型号	单价	数量	是否进口	生产厂家	进货日期	备注
0401001	电视机	TCL3430	5 820.00	80	F	TCL 集团公司	2007.11.1	
0401002	电视机	NV-29VCR	9 650.00	23	T	松下电器公司	2007.12.7	
0401010	洗衣机	XCR165	4 170.00	30	F	小鸭集团公司	2008.2.3	
0402006	计算机	LX8700	13 980.00	120	F	联想集团公司	2008.2.12	改进型
0402011	计算机	IBM2110	8 340.00	60	T	IBM 公司	2008.2.20	
0405001	汽车	S280-04	878 000.00	8	T	奔驰公司	2008.3.30	豪华型

(1) 设计表结构,并建立表文件 lssp.dbf,输入前 4 个记录。

(2) 打开 lssp.dbf,以浏览格式和编辑格式查看记录内容,检查表结构并进行适当修改。

(3) 追加后两个记录数据。

2. 打开表文件 lssp.dbf,在命令窗口输入完成下述任务的命令。

(1) 显示第 3 条记录内容。

(2) 显示从第 2 条记录开始的 3 条记录的内容。

(3) 显示进口商品的信息。

(4) 显示 TCL 集团公司生产的商品。

(5) 显示单价大于 10 000 元的商品信息。

(6) 显示单价大于 5 000 元但小于 10 000 元的商品信息。

(7) 显示 2008 年进货的单价大于 8 000 元的商品信息。

(8) 显示所有电视机的型号、单价、数量、生产厂家和进货日期。

3. 在命令窗口输入完成如下操作的相应命令。

(1) 复制 lssp.dbf 表中商品编号、商品名称、型号、单价、数量、生产厂家 6 个字段的表结构到文件 lssp1.dbf,并显示其结构。

(2) 将所有进口商品信息复制为表文件 lssp2.dbf。

(3) 从 lssp.dbf 复制出 lssp3.dbf,在 lssp3.dbf 表中增加金额字段,并用单价 * 数量进行修改该字段内容(说明:增加字段可用非命令方式)。

(4) 在 lssp3.dbf 表中设置过滤器,只显示非进口商品记录。

(5) 将 lssp3.dbf 表中所有进口商品逻辑删除,然后再物理删除。

4. 对【例 4-19】中的 kc 表和 xs 表进行如下统计。

(1) 统计课程(kc)表的记录数;

(2) 得到课程(kc)表的总分学;

(3) 计算学生(xs)表中所有学生的平均年龄。

5. 参考【例 4-21】,执行下列操作。

(1) 建立成绩(xskc)表和课程(kc)表的临时关系,浏览指定学号的课程号、课程名和学分。

(2) 建立成绩(xskc)表和学生(xs)表的临时关系,浏览指定课程的学号、姓名和成绩。

4.6 实验题答案

1. (1)选择“文件”菜单的“新建”命令→打开“新建”对话框,选择“文件类型”为“表”,单击“新建文件”按钮→打开“创建”对话框,在输入 lssp 文件名后,单击“保存”按钮即打开表设计器窗口;或者执行命令:CREATE lssp,也可以打开表设计器窗口。然后在表设计器中建立表结构。单击“确定”按钮，弹出窗口询问“现在输入数据记录吗?”，单击“是”按钮，然后输入表中前4条记录。

(2) 执行“BROWSE”命令打开浏览窗口，查看记录；执行“MODIFY STRUCTURE”命令，打开表设计器，查看及修改表结构。

(3) 使用“APPEND”命令，在弹出的窗口中输入后两条记录。

2. (1) LIST RECORD 3

(2) GO 2

LIST NEXT 3

(3) LIST FOR 是否进口

(4) LIST FOR 生产厂家=“TCL 集团公司”

(5) LIST FOR 单价>10000

(6) LIST FOR 单价>5000 .AND. 单价<10000

(7) LIST FOR YEAR(进货日期)=2008 .AND. 单价>8000

(8) LIST FOR 商品名称=“电视机” FIELDS 型号，单价，数量，生产厂家，进货日期

3. (1) USE lssp

COPY STRUCTURE TO lssp1 FIELDS 商品编号，商品名称，型号，单价，数量，生产厂家

USE lssp1

DISPLAY STRUCTURE

(2) USE lssp

COPY TO lssp2 FOR 是否进口

(3) USE lssp

COPY TO lssp3

USE lssp3

MODIFY STRUCTURE(弹出表设计器后，增加金额字段)

REPLACE ALL 金额 WITH 单价 * 数量

(4) USE lssp3

SET FILTER TO ！是否进口

(5) USE lssp3

DELETE FOR 是否进口

PACK

4. (1) COUNT TO A

? A

(2) SUM 学分 TO B

? B

(3) AVERAGE YEAR(DATE( ))-YEAR(出生时间) TO C

? C

5. 首先，建立学生(xs)表、课程(kc)表和成绩(xskc)表结构化复合索引。

学生(xs)表：索引名 xh、候选索引、索引表达式为“学号”；

课程(kc)表：索引名 kch、候选索引、索引表达式为“课程号”；

成绩(xskc)表：索引名 xskc、候选索引、索引表达式为“学号＋课程号”；

索引名 xh、普通索引、索引表达式为“学号”；

索引名 kch、普通索引、索引表达式为“课程号”。

(1)
```
USE kc IN 0 ORDER TAG kch
USE xskc IN 0 ORDER 1
SELECT xskc
SET relation TO 课程号 INTO kc
BROWSE fields 课程号,kc.课程名,学分 FOR 学号 ="01040101"
```

(2)
```
USE xs IN 0 ORDER TAG xh
USE xskc IN 0 ORDER 1
SELECT xskc
SET relation TO 学号 INTO xs
BROWSE fields 学号,xs.姓名,成绩 FOR 课程号 ="0101"
```

附:习题答案

一、选择题

1. B	2. C	3. A	4. B	5. A	6. C	7. A	8. D	9. B	10. C
11. B	12. D	13. C	14. C	15. B	16. D	17. B	18. D	19. D	20. C
21. A	22. A	23. C	24. B	25. D	26. D	27. C	28. A	29. C	30. D
31. B	32. D	33. D	34. C	35. B	36. D	37. B	38. A	39. C	40. D
41. D	42. C	43. B	44. B	45. D					

二、填空题

1. 名称　类型　宽度　MODIFY STRUCTURE
2. 数据表结构　数据表记录　BROWSE
3. APPEND　INSERT
4. DELETE　PACK
5. 5　1
6. ALL 总分　总分＋10　民族！＝“汉”
7. LOCATE　CONTINUE
8. 单索引文件　复合索引文件　结构复合索引文件

9. COPY TO＜表文件名＞　COPY STRUCTURE TO＜表文件名＞

10. SET RELATION TO

11. 表自身的别名　工作区别名　SELECT

12. 32 767

13. ADDITIVE

14. 主索引　10

15. RECALL FOR 性别＝“男”

16. 逻辑删除　物理删除　逻辑删除　物理删除

17. 所有

18. 逻辑

第5章　数据库及其操作

5.1　学习指导

5.1.1　基本概念

1. 数据库

VFP数据库是一个容器，用于存储数据库表的属性与组织，以及所包含的表之间的联系和依赖于表的视图等信息。

需要注意的是，数据库中并不存储具体的数据，具体数据仍然保存在表中。数据库中保存的主要是表和库的连接关系、库表的表属性、库表字段的扩展属性、库表之间的永久关系、完整性约束以及视图的定义、存储过程等。数据库建立之后将产生3个文件：数据库文件，扩展名为.DBC；数据库备注文件，扩展名为.DCT；数据库索引文件，扩展名为.DCX。

当数据库表从数据库中移出转为自由表之后，保存在数据库中的表和库的连接关系、库的表属性、库表字段的扩展属性、库表之间的永久关系、完整性约束等信息都将丢失。

2. 数据库表有关属性

(1) 长表名

自由表的表名就是表文件名，而数据库表允许用户给表另起一个意义明确的别名。VFP最长支持128个字符的别名，别名不能作为表文件名使用。

(2) 记录有效性

当光标移开该记录时，系统检查表的记录有效性。记录有效性中的"规则"设定了字段或字段之间必须满足的关系，通常是一个关系表达式或者逻辑表达式；"信息"给出出错后的提示内容，是一个字符常量。

(3) 触发器

触发器包括插入触发器、更新触发器和删除触发器，其内容是一个逻辑表达式，分别在执行各自操作时被激活。当插入的新记录、更新后的记录或者被删除的记录表达式的值为.T.时，允许执行改操作，否则不能执行。

(4) 表注释

表注释是对表的解释和说明。

3. 数据库表的字段扩展属性

(1) 显示格式

规定字段显示时的显示风格。

(2) 输入掩码

规定字段输入值的格式，以保证输入字段的数据格式的统一和有效，提高输入效率。

(3) 标题

在显示表的字段名时，可以用标题来代替，增强字段的可读性，使人易于理解。

(4) 注释

字段注释是对字段的说明。

4. 永久关系

永久关系是数据库表之间存在的一种关系，最常见的是一对多关系。一旦建立之后，只要不删除，就会一直保留。永久关系是建立在索引基础上的，要建立永久关系必须先在两个表中分别建立索引，而且这两个索引的索引表达式具有相同的含义。

5. 数据完整性

VFP 的数据完整性包括实体完整性、域完整性和参照完整性。

(1) 实体完整性要求组成表中的主关键字或候选关键字的各个字段不为空，保证表中记录的唯一性。在 VFP 中主索引和候选索引就是起这个作用的。

(2) 域完整性是对字段的取值范围的一种约束。具体而言，对字段数据类型、字段宽度和小数位数的定义都属于域完整性范畴，除此之外，还包括字段的有效性规则。

(3) 参照完整性用于控制数据的一致性，在执行插入、删除和更新操作时，检查参照完整性。各种操作的参照完整性含义如表 5-1 所示。

表 5-1 参照完整性的说明

操　作	完整性	含　义
插　入	限制	在子表中不能插入父表中没有的记录。例如学生表(父表)中没有“0001”号学生，就不能在成绩表(子表)中插入该学生的成绩记录
	忽略	没有任何限制，允许插入
删　除	级联	在删除父表中某个记录时，删除子表中的相关记录
	限制	若子表中有相关记录，则禁止在父表中删除
	忽略	没有任何限制，允许删除
更　新	级联	当父表中关键字值被修改时，用新关键字值自动更新子表中的相关记录
	限制	若子表中有相关记录，则禁止更新父表中的关键字值
	忽略	没有任何限制，允许更新

5.1.2 基本操作

1. 创建数据库

在“新建”对话框上选择“数据库”，单击“新建文件”按钮。

2. 打开数据库

在“打开”对话框中的“文件类型”下拉列表中选择“数据库(*. dbc)”，然后选择或在“文件名”文本框中输入数据库文件名，单击“确定”按钮即可。

3. 关闭数据库

单击数据库设计器右上角的关闭按钮，只能关闭数据库设计器，要关闭数据库必须使用"CLOSE"命令。

4. 创建表结构

在数据库设计器的空白位置右击，选择快捷菜单中的"新建表"命令，打开"新建表"对话框，选择"新建表"命令。

5. 修改表结构

在数据库设计器中的表上右击，打开快捷菜单，选择"修改"命令。

6. 浏览表记录

在数据库设计器中的表上右击，打开快捷菜单，选择"浏览"命令。

7. 添加数据库表

在数据库设计器的空白位置右击，选择快捷菜单中的"添加表"命令，然后从打开对话框中选择要添加到数据库中的自由表，最后单击"确定"按钮即可。

8. 移去或删除数据库表

在数据库设计器中的表上右击，选择快捷菜单中的"移去"命令，然后在弹出的对话框中选择"移去"或"删除"。

5.1.3 相关命令

创建数据库：CREATE DATABASE [＜数据库文件名＞|?]。

打开数据库：OPEN DATABASE [＜数据库文件名＞|?]。

关闭当前数据库：CLOSE DATABASE。

关闭除命令窗口外的所有内容：CLOSE ALL。

修改数据库：MODIFY DATABASE [＜数据库文件名＞|?]。

删除数据库：DELETE DATABASE [＜数据库文件名＞|?]。

在数据库中添加表：ADD TABLE [＜表名＞|?]。

将表移出数据库：REMOVE TABLE [＜表名＞|?]。

将表移出数据库并删除：REMOVE TABLE ＜表名＞ DELETE。

5.2 例题解析

一、选择题

【例 5-1】 使数据库表变为自由表的命令是______。

A. DROP TABLE　　B. REMOVE TABLE

C. FREE TABLE　　D. RELEASE TABLE

【答案】 B

【解析】 当无意中删除数据库文件，数据库文件中保存的一些数据库表信息丢失，这时执行"FREE TABLE"命令把数据库表强制转换成自由表。"DROP TABLE"命令是把表移出数据库并删除表。正常情况下把表从数据库中移出成为自由表的命令是"REMOVE TABLE"。"RELEASE TABLE"是一个错误命令。

【例 5-2】 以下关于自由表的叙述,正确的是______。

A. 自由表可以添加到数据库中,但数据库中的表不可以从数据库中移出成自由表

B. 自由表不能添加到数据库中

C. 自由表可以添加到数据库中,数据库中的表也可以从数据库中移出成为自由表

D. 自由表是用以前 FoxPro 版本建立的表

【答案】 C

【解析】 自由表可以添加到数据库中,数据库表也可以从数据库中移出成为自由表。但是一个数据库表不能添加到其他数据库中,要使一个数据库表成为另外一个数据库的表,必须先使它成为自由表。

【例 5-3】 当数据库表移出数据库后依然有效的是______。

A. 字段的默认值 B. 记录有效性

C. 触发器 D. 结构复合索引

【答案】 D

【解析】 由于记录有效性、字段有效性、默认值、触发器等都是保存在数据库文件中的,所以当把表移出数据库后,这些信息将丢失。结构复合索引保存在结构复合索引文件中,因此,即使表移出数据库,索引文件依然有效,只是表中的主索引将自动转为候选索引。

【例 5-4】 VFP 的“参照完整性”中“插入规则”包括的选项是______。

A. 级联和忽略 B. 级联和删除

C. 级联和限制 D. 限制和忽略

【答案】 D

【解析】 参照完整性中有“更新规则”、“删除规则”和“插入规则”,其中“更新规则”、“删除规则”包括级联、限制和忽略 3 种选择,但“插入规则”只有限制和忽略两种选择。

【例 5-5】 在一个数据库中有两个数据库表,要在这两个表之间建立一对多的联系,为此要求这两个表______。

A. 在父表连接字段上建立普通索引,在子表连接字段上建立主索引

B. 在父表连接字段上建立主索引或候选索引,在子表连接字段上建立普通索引

C. 在父表连接字段上不需要建立任何索引,在子表连接字段上建立普通索引

D. 在父表和子表的连接字段上都要建立主索引

【答案】 B

【解析】 永久关系只能在属于一个数据库的两个表之间建立,创建永久关系时,父表必须在连接字段上建立主索引或候选索引,子表必须在连接字段上建立普通索引。

二、填空题

【例 5-6】 要使数据库表中的学号字段只能输入数字,则应设置______。

【答案】 输入掩码

【解析】 输入掩码可以用来约束输入格式,提高输入效率。

【例 5-7】 参照完整性的作用是控制相关表之间的数据一致性，如果修改学生表中的学生学号后，要求自动更新成绩表中相关记录的学号，则应该设置参照完整性中的______规则为______。

【答案】 更新 级联

【解析】 参照完整性中的“更新规则”、“删除规则”和“插入规则”分别对应于更新、删除和插入操作，所以根据题意应设置“更新规则”，且设置为级联。

【例 5-8】 如果一个数据库表不允许对其进行删除操作，那么可以将表的删除触发器设置为______。

【答案】 .F.

【解析】 触发器是捆绑在表上的表达式，当其值为.T.时，允许执行相应的操作，否则不可执行。

三、操作题

【例 5-9】 ①新建一个数据库文件 glk.dbc；②向其添加 4 个自由表 rsb.dbf、gzb.dbf、bmdm.dbf 和 zz.dbf；③使用命令完成下列操作：关闭数据库 glk.dbc；修改数据库 glk.dbc；在数据中新建职工联系表 lxb（编号 C(4)，姓名 C(8)，家庭地址 C(40)，电话号码 C(13)）；从数据库 glk.dbf 中移去表 lxb.dbf。

【操作步骤】

① 新建数据库：选择“文件”菜单的“新建”命令→打开“新建”对话框，如图 5-1 所示。选择“文件类型”为“数据库”，单击“新建文件”按钮→打开“创建”对话框，在“数据库名”文本框中输入 glk.dbc，单击“保存”按钮→此时建立了数据库 glk.dbc，同时打开“数据库设计器”窗口，如图 5-2 所示。

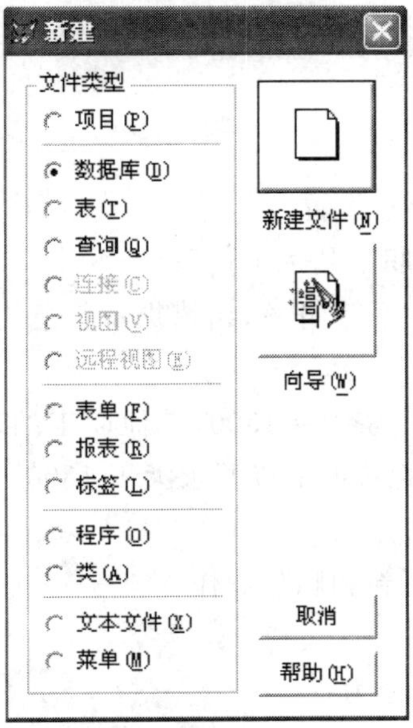

图 5-1 “新建”对话框

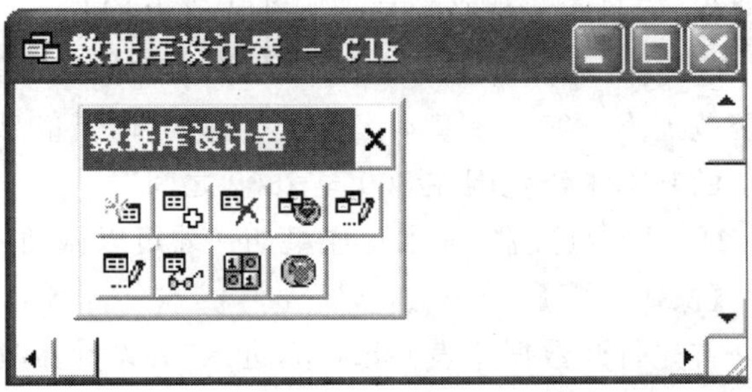

图 5-2 “数据库设计器”窗口

也可以使用命令来建立数据库，命令是：CREATE DATABASE glk。使用命令建立数据库不会自动打开“数据库设计器”窗口，使用命令：MODIFY DATABASE glk，打开“数据库设计器”窗口。

② 添加自由表：在“数据库设计器”窗口中，右击鼠标，选定快捷菜单的“添加表”命令，在“打开”对话框中选定 rsb. dbf，单击“确定”按钮，表 rsb. dbf 就添加进了“数据库设计器”窗口中。以同样的方法添加表：gzb. dbf、bmdm. dbf 和 zz. dbf，结果如图 5-3 所示。

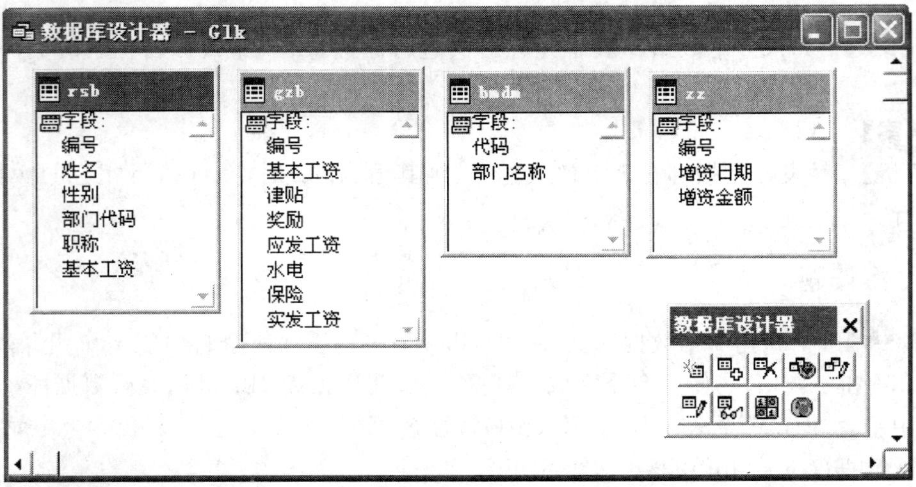

图 5-3　glk 数据库

也可以使用命令添加自由表，命令是：ADD TABLE rsb，以同样的命令添加另外 3 个表。

③ 命令如下：

```
CLOSE DATABASE
MODIFY DATABASE glk
CREATE TABLE lxb(编号 C(4), 姓名 C(8), 家庭地址 C(40), 电话号码 C(13))
REMOVE TABLE lxb
```

【例 5-10】 对数据库 glk. dbc 中的表 rsb. dbf 按如下要求设置：

① 设置基本工资字段数值以千分位格式显示，标题为“职工基本工资”；

② 设置编号字段有效性规则为：编号的第一位必须是大写字符 A，出错提示信息为“输入错误，编号第一位必须是 A”，默认值为“A”。

③ 设置记录级规则要求为：职称为教授的职工的基本工资＞＝1800，其他职工的基本工资范围为：800＜＝基本工资＜＝2800，出错信息为“教授的基本工资要求大于 1800，其他职工的基本工资范围在 800 至 2800 之间”。

④ 设置触发器：要求每逢星期一才可以做插入、追加、更新和删除操作。

【操作步骤】

首先打开数据库表 rsb. dbf，进入“表设计器“窗口，其命令为：

```
USE rsb
MODIFY STRUCTURE
```

① 选择"表设计器"中的"字段"选项卡，选择"基本工资"字段，在显示区的"输入掩码"框中输入"9,999.00"，在"标题"框中输入"职工基本工资"，如图 5-4 所示。

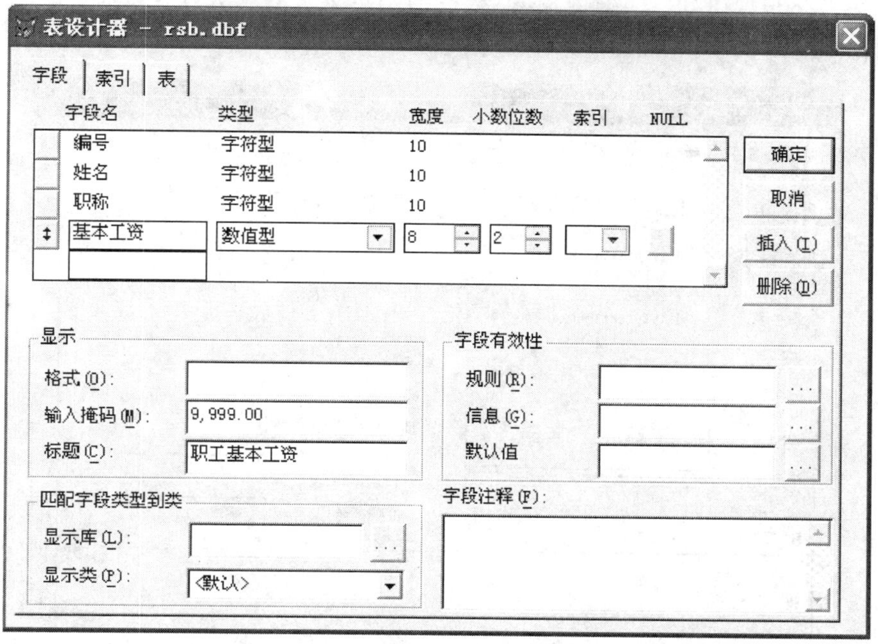

图 5-4 "基本工资"字段属性设置

② 选择"表设计器"中的"字段"选项卡，选择"编号"字段，在"字段有效性"区内的规则框内输入 LEFT(编号,1)==“A”，在"信息"框内输入"输入错误，编号的第一位必须是A"，在"默认值"框内输入"A"，如图 5-5 所示。

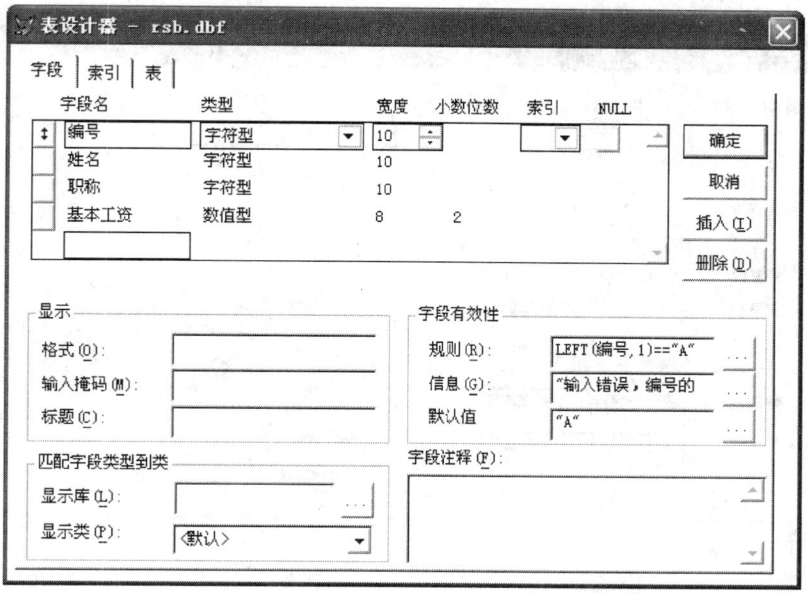

图 5-5 "编号"字段有效性规则设置

③ 选择“表设计器”中的“表”选项卡，在“记录有效性”区内的“规则”框内输入：职称＝＝“教授”. AND. 基本工资＞＝1800. OR. 职称＜＞“教授”. AND.（基本工资＞＝800. AND. 基本工资＜＝2800），在“信息”框内输入“教授的基本工资要求大于1800，其他职工的基本工资范围在800至2800之间”，如图5-6所示。

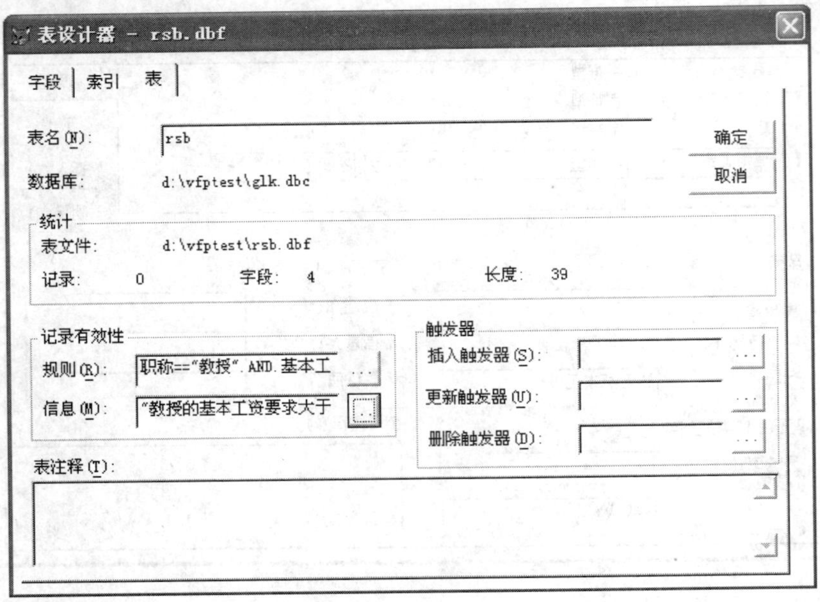

图 5-6　记录有效性规则设置

④ 选择“表设计器”中的“表”选项卡，在“触发器”区内的“插入触发器”框内输入CDOW(DATE(　))＝＝“Monday”，同理，在“更新触发器”和“删除触发器”输入上述相同的内容，如图5-7所示。

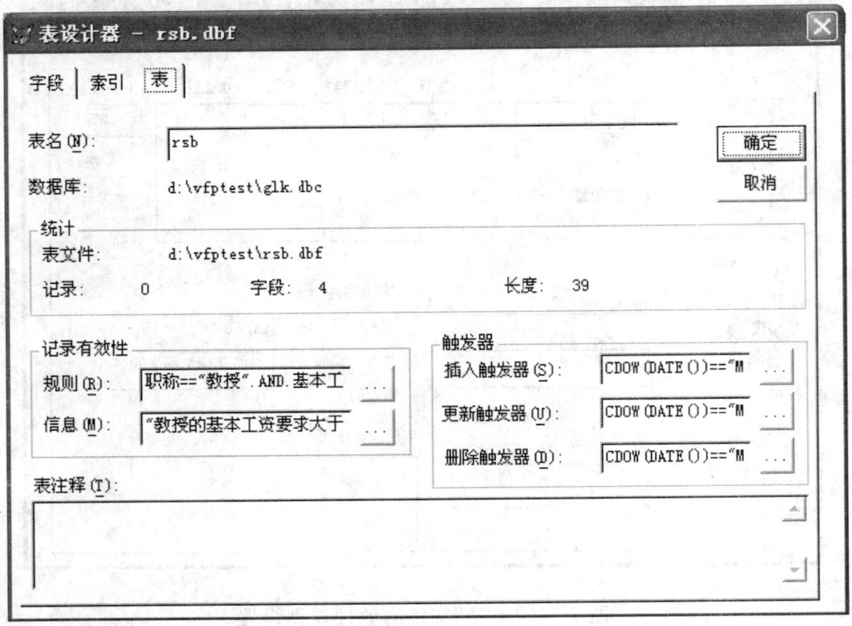

图 5-7　触发器设置

CDOW(<日期表达式>)函数是返回日期表达式所表示星期几的英文单词，如 CDOW({^2008/08/08})返回字符串的值为“Friday”。

【例 5-11】 建立永久关系和设置参照完整性。

① 在数据库 glk. dbc 中，分别设置表 rsb. dbf 对表 gzb. dbf 的一对一关系、对表 bmdm. dbf 的多对一关系、对表 zz. dbf 的一对多关系。

② 在数据库 glk. dbc 中，设置父表 rsb. dbf 和子表 gzb. dbf 的参照完整性规则：删除规则为“级联”，即当父表 rsb. dbf 删除记录时，要求子表 gzb. dbf 中相应记录也要删除；更新规则和插入规则都设置为“限制”。

【操作步骤】

① 先建立各表的相关索引，如表 5-2 所示。

表 5-2 数据库 glk 中各表的索引

表 名	索引名	索引类型	索引表达式
rsb	BH	主索引	编号
rsb	BMDM	普通索引	部门代码
gzb	BH	主索引	编号
bmdm	DM	候选索引	代码
zz	BH	普通索引	编号

建立表 rsb 与表 gzb 的连线：将表 rsb 的主索引 BH 拖到表 gzb 的主索引 BH 处，形成一条一对一关系连线；

建立表 rsb 与表 zz 的连线：将表 rsb 的主索引 BH 拖到表 zz 的普通索引 BH 处，形成一条一对多关系连线；

建立表 rsb 与表 bmdm 的连线：将表 bmdm 的候选索引 DM 拖到表 rsb 的普通索引 BMDM 处，形成一条多对一关系连线。

结果如图 5-8 所示。

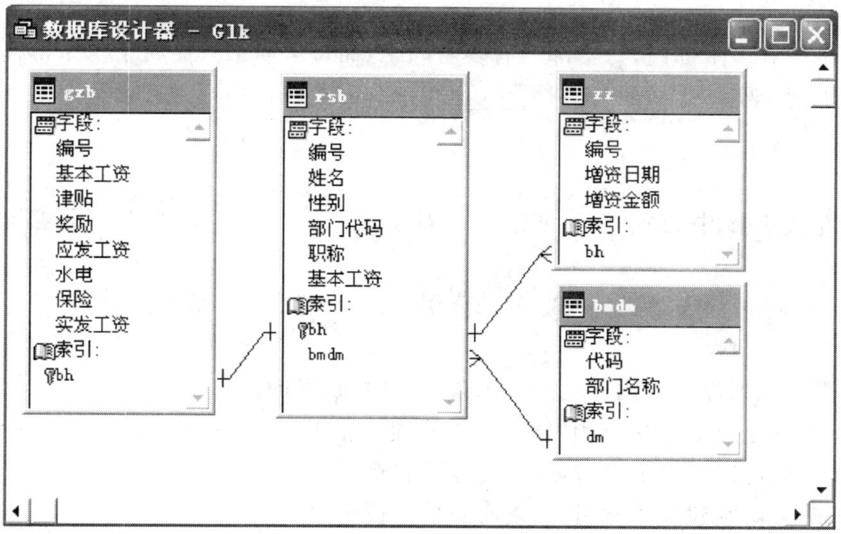

图 5-8 glk 数据库的永久关系

② 在“数据库设计器”窗口中，双击表 rsb 与表 gzb 的连线，打开“编辑关系”对话框，单击“参照完整性”按钮，打开“参照完整性生成器”对话框（系统可能要求先“清理数据库”，然后才能设置“参照完整性”。清理数据库操作为：选择“数据库”菜单中的“清理数据库”命令）。

选择“更新规则”选项卡，选择 rsb 与 gzb 所在关系行，然后在“更新”列选择“限制”，在“删除”列选择“级联”，在“插入”列选择“限制”，如图 5-9 所示，最后单击“确定”按钮，保存设置并生成参照完整性代码，退出“参照完整性生成器”。

父表	子表	更新	删除	插入	父标记	子标记
bmdm	rsb	忽略	忽略	忽略	dm	bmdm
rsb	gzb	限制	级联	限制	bh	bh
rsb	zz	忽略	忽略	忽略	bh	bh

图 5-9　参照完整性设置

5.3　习　题

一、选择题

1. 设置字段有效性规则时，“字段有效性规则”框的“规则”中应输入______表达式，“信息”框中输入______表达式。
   A. 字符 逻辑　　B. 逻辑 字符
   C. 逻辑 由字段决定　　D. 由输入的字段决定 逻辑

2. 希望用户输入至身高字段中的数值必须大于 0，应使用______项目来检验操作。
   A. 有效性规则　　B. 字段标题　　C. 字段说明　　D. 默认值

3. 某单位有多个部门，每个部门有多名职工，而每个职工只能属于一个部门，则部门与职工两个实体之间的关系是______。
   A. 一对一　　B. 一对多　　C. 多对多　　D. 多对一

4. 要在数据库中数据表之间建立一对多关系，“一方”的关键字段必须首先建立______。
   A. 主索引　　B. 候选索引　　C. 唯一索引　　D. 普通索引

5. 在设置数据库中数据表之间的永久关系时，正确的说法是______。
   A. 父表必须建立主索引，子表可以不建立索引
   B. 父表可以建立主索引，子表可以建立普通索引
   C. 父表必须建立主索引，子表必须建立候选索引
   D. 父表子表都必须建立主索引

6. VFP 关于数据库的参照完整性规则不包括______。

A. 插入规则　　B. 删除规则　　C. 查询规则　　D. 更新规则

7. 在 VFP 中进行参照完整性设置时，要设置成：当更改父表关键字段或候选关键字段时，自动更改所有相关子表记录中的对应值。应选择______。

A. 忽略　　B. 级联　　C. 级联或限制　　D. 限制

8. 要显示“参照完整性”，可以______。

A. 选择“数据库”菜单中的“编辑参照完整性”选项

B. 从“数据库设计器”快捷菜单中选择“编辑参照完整性”选项

C. 在数据库设计器中双击两个表之间的关系连线，然后在“编辑关系”对话框中选择“参照完整性”按钮

D. 以上都可以

9. 为了设置两个表之间的数据参照完整性，要求这两个表是______。

A. 同一个数据库中的两个表　　B. 两个自由表

C. 一个自由表和一个数据库表　　D. 没有限制

10. 通过指定字段的数据类型和宽度来限制该字段的取值范围，这属于数据完整性中______。

A. 参照完整性　　B. 实体完整性

C. 域完整性　　D. 字段完整性

11. 对于数据库，下列说法中错误的是______。

A. 数据库是一个容器

B. 自由表和数据库表的扩展名都是.DBF

C. 自由表的表设计器和数据库的表设计器是不一样的

D. 数据库表的记录数据保存在数据库中

12. 关于向数据库添加表，下列说法中不正确的是______。

A. 可以将一个自由表添加到数据库中

B. 可以将一个数据库表直接添加到另一个数据库中

C. 可以在项目管理器中将自由表拖放到数据库中使它成为数据库表

D. 将一个数据库表从一个数据库移动至另一个数据库，则必须先使其成为自由表

13. 以下______的操作不会激活记录的有效性规则的检验。

A. 修改表结构并保存　　B. 修改表的某一项记录

C. 修改了记录值并执行“SKIP”命令　　D. 修改表记录数据并关闭表

14. 以下______操作将造成相关表之间数据的不一致。

A. 在主表中插入记录的主关键字的值是子表中所没有的

B. 在主表中删除了记录，而子表中没有删除相关记录

C. 在子表中删除了记录，而在主表中没有删除相关记录

D. 用主表的主关键字字段的值修改了子表中的一个记录

15. 表之间的“一对多”关系是指______。

A. 一个表与多个表之间的关系

B. 一个表中的一个记录对应另一个表中的多个记录

C. 一个表中的一个记录对应另一个表中的一个记录

D. 一个表中的一个记录对应多个表中的多个记录

二、填空题

1. 向数据库中添加的表应该是目前不属于任何数据库的__________。
2. 为了确保有关数据库表之间数据的一致性，需要设置__________。
3. 创建数据库的命令是__________；打开数据库的命令是__________；修改数据库的命令是__________；关闭数据库的命令是__________；删除数据库的命令是__________。
4. 向数据库中添加表的命令是__________；从数据库中移去数据表的命令是__________。
5. 打开数据库设计器的命令是__________ DATABASE。
6. 创建一个数据库后，系统自动生成的 3 个文件为__________、__________和__________。
7. 对数据库表添加新记录时，为某一字段自动给定一个初始值，这个值称为__________。
8. 数据库表的字段属性有标题、__________、有效性规则和有效性说明。表的有效性规则是用于对__________的有效性验证。
9. 如果数据库表的插入触发器设置为.F.，则当向该表中插入一条空记录时，屏幕显示__________。
10. 表之间的永久关系保存在__________文件中。

5.4 教材习题答案

一、选择题

1. D 2. A 3. B 4. A 5. A 6. B 7. B 8. B

二、填空题

1. 逻辑

2. 数据库表

3. 一对一关系

4. 级联

5. 字段

6. 永久　临时

7. 连线　数据库

8. 128　3

三、简述与操作题

1. 属于某个数据库的表称为数据库表。独立存在、不与任何数据库相关联的表称为自由表。两种表是可以相互转化的。数据库表拥有自由表所没有的许多属性，如字段有效性规则、记录有效性规则等。

2. 扩展名为.DBC的是数据库文件，扩展名为.DBF的是表文件。如果是自由表，则表文件与数据库文件没有任何关系；如果是数据库表，则表文件保存具体的数据信息，数据库文件保存数据库表的属性、各表之间的关系、各数据库表与数据库的关联等信息。

3. 字段级有效性规则是用于对字段数据进行有效性检查的规则，字段有效性规则是在数据库表的“表设计器”中的“字段”选项卡中进行设置的。记录级有效性规则用于对同一个记录不同字段之间的数据进行逻辑关系检查、验证，记录有效性规则需要在数据库表“表设计器”中“表”选项卡的“记录有效性”下的“规则”中进行设置。

4. 关系数据库通常是由多张数据表所组成，这些数据表的数据信息之间往往存在着“一对一”或“一对多”的关系，把数据库表之间的这种关系建立，并作为数据库对象永久地保存在数据库中，便称为永久关系。在建立了永久关系的基础上通过设置参照完整性，可以保证数据库表之间的数据一致性。数据库表之间永久关系的建立在“数据库设计器”中进行，通过在相关表索引上的拖动操作，建立两个表索引间的连线，从而建立永久关系。

5. 在VFP中触发器分为插入触发器、更新触发器和删除触发器。当向表中插入或追加记录时激活插入触发器，进行相应的检查，根据逻辑表达式的值判断是否接受插入或追加的记录。当对表中数据记录进行修改时激活更新触发器并进行相应检查，根据逻辑表达式的值判断是否接受修改过的记录。当删除表中记录时激活删除触发器，根据逻辑表达式的值判断记录是否能被删除。

6. 操作步骤：

① 选择“文件”菜单的“新建”命令，打开“新建”对话框；

② 在“新建”对话框中，选择“文件类型”为“数据库”，单击“新建文件”按钮，打开“创建”对话框；

③ 在“创建”对话框中，在“数据库名”文本框中输入“学生管理.dbc”，单击“保存”按钮，此时建立了数据库，同时打开“数据库设计器”窗口。

④ 在“数据库设计器”的空白处，右击鼠标，在快捷菜单中选择“新建表”命令，打开“新建”对话框；

⑤ 在“新建”对话框中，选择“新建表”命令，打开“创建”对话框；

⑥ 在“创建”对话框中，在“文件名”文本框中输入“student.dbf”，单击“保存”按钮，打开

“表设计器”窗口；

⑦ 在“表设计器”的“字段”选项卡中，按要求建立学生基本信息表的各个字段；

⑧ 在“表设计器”的“索引”选项卡中，以“学号”为关键字段创建主索引，索引名“xh”，单击“确定”按钮，此时建立了 student 表；

⑨ 以同样方法建立 score 表，创建以“学号”为关键字段的普通索引“xh”和以“课程编号”为关键字段的普通索引“kcbh”；

⑩ 在“数据库设计器”中 student 表的主索引 xh 上按住鼠标左键，拖动到 score 表的普通索引 xh 上，放开鼠标，即可建立一条永久关系的连线。

5.5 实验题

1.（1）创建订单管理数据库，添加表 employee、orders、customer。

（2）为 orders 建普通索引 nf，表达式 year(签订日期)。

（3）为 employee 建主索引，为 orders 建普通索引，索引名表达式为职员号，建立永久联系。

（4）设置参照完整性约束：更新规则为限制、删除规则为级联、插入规则为限制。

附：employee(职员号，姓名，性别，地址，电话)

orders(订单号，职员号，客户号，签订日期，总金额)

customer(客户号，名称，地址，电话)

2.（1）打开订单管理数据库，并将表 order_detail 添加到该数据库中。

（2）为表 order_detail 的“单价”字段定义默认值为 NULL。

（3）为表 order_detail 的“单价”字段定义约束规则：单价>0，违背规则时的提示信息是：“单价必须大于零”。

附：order_detail(订单号，单价，数量)

3.（1）从数据库 stock 移去表 stock_fk。

（2）将自由表 stock_name 添加到数据库。

（3）为 stock_sl 建立主索引，索引名表达式为股票代码。

（4）为表 stock_name 设置有效性规则：left(股票代码,1)=“6”，并增加错误提示。

附：stock_name(股票代码，股票名称)

stock_sl(股票代码，买入价，数量)

5.6 实验题答案

1.（1）创建订单管理数据库，添加表 employee、orders、customer。

① 选择“文件”→“新建”命令，弹出“新建”对话框。

② 在“新建”对话框中，选择“数据库”单选按钮，再按“新建文件”按钮，弹出“创建”对话框。

③ 在“创建”对话框中输入数据库名“订单管理”，再按 Enter 键或按“保存”按钮，这样就可以建立数据库了，并出现“数据库设计器-订单管理”对话框。

④ 选择“文件”→“打开”命令，选择“文件类型”为数据库，打开“订单管理”对话框。

⑤ 在“数据库设计器-订单管理”中右击鼠标，显示右击菜单，选择“添加表”命令，并选择相应的表文件即可(employee、orders 和 customer)。

(2) 为 orders 表建普通索引 nf，表达式 year(签订日期)。

① 打开并修改数据库，MODIFY DATABASE 订单管理。

② 在“数据库设计器-订单管理”中，选择表“orders”并右击鼠标，选择“修改”命令，在“表设计器-orders.dbf”中，单击“索引”选项卡，然后输入索引名“nf”，选择类型为“普通索引”，表达式为“year(签订日期)”，最后单击“确定”按钮，再单击“是(Y)”就可以建立索引了。

(3) 为 employee 表建主索引，为 orders 表建普通索引，索引名表达式为职员号，建立永久联系。

① 打开并修改数据库，MODIFY DATABASE 订单管理。

② 在“数据库设计器-订单管理”中，选择表“employee”并右击鼠标，选择“修改”命令，在“表设计器-employee.dbf”中，单击“索引”选项卡，然后输入索引名“职员号”，选择类型为“主索引”，表达式为“职员号”，最后单击“确定”按钮，再单击“是(Y)”就可以建立索引了。

③ 在“数据库设计器-订单管理”中，选择表“orders”并右击鼠标，选择“修改”命令，在“表设计器-orders.dbf”中，单击“索引”选项卡，然后输入索引名“职员号”，选择类型为“普通索引”，表达式为“职员号”，最后单击“确定”按钮，再单击“是(Y)”就可以建立索引了。

④ 在“数据库设计器-订单管理”中，然后选择“employee”表中主索引键“职员号”并按住不放，然后移动鼠标拖到 orders 表中的索引键为“职员号”处，松开鼠标即可。

(4) 设置参照完整性约束

① 在已建立的永久性联系后，双击关系线，并显示“编辑关系”对话框。

② 在“编辑关系”对话框中，单击“参照完整性”按钮，并显示“参照完整性生成器”。

③ 在“参照完整性生成器”对话框中，单击“更新规则”选项卡，并选择“限制”单选按钮，单击“删除规则”选项卡，并选择“级联”单选按钮，单击“插入规则”选项卡，并选择“限制”单选按钮，接着单击“确定”按钮，并显示“是否保存改变，生成参照完整性代码并退出?”，最后单击“是”按钮，这样就生成了指定参照完整性。

注意：可能会出现要求整理数据库，那么请整理后重新做操作。

2. (1) 打开“订单管理”数据库，并将表 order_detail 添加到该数据库中。

命令方法：

① OPEN DATABASE 订单管理。

② ADD TABLE order_detail。

菜单方法：

① 选择“文件”→“打开”命令，选择“文件类型”为数据库，打开“订货管理”对话框。

② 在“数据库设计器-订货管理”中右击鼠标，显示弹出菜单，并选择“添加表”命令，并选择相应的表文件即可(order_detail)。

(2) 为表 order_detail 的“单价”字段定义默认值为 NULL。

① 在“数据库设计器-订货管理”中，选择表 order_detail 并单击鼠标右键，选择“修改”

命令。

② 在“表设计器-order_detail.dbf”中，选择字段名为“单价”，在NULL处进行打勾(允许空值)，最后单击“确定”按钮即可。

(3) 为表order_detail的“单价”字段定义约束规则：单价 > 0，违背规则时的提示信息是：“单价必须大于零”。

① 在“数据库设计器-订货管理”中，选择表order_detail并右击鼠标，选择“修改”命令。

② 在“表设计器-order_detail.dbf”中，选择“单价”字段，在“字段有效性”标签的“规则”处输入“单价>0”，在“信息”处输入“‘单价必须大于零’”，最后单击“确定”按钮即可。

3. (1) 从数据库stock移去表stock_fk。

① 打开数据库：OPEN DATABASE stock。

② 移去表：REMOVE TABLE stock_fk，如果提示信息，那么单击“是”按钮。

(2) 将自由表stock_name添加到数据库。

命令方法：

① OPEN DATABASE stock。

② ADD TABLE stock_name。

菜单方法：

① 选择“文件”→“打开”命令，选择“文件类型”为数据库，打开stock表。

② 在“数据库设计器-stock”中右击鼠标，显示右击菜单，选择“添加表”命令，并选择相应的表文件即可(stock_name)。

(3) 为stock_sl建立主索引，索引名表达式为股票代码。

① 打开并修改数据库：MODIFY DATABASE stock。

② 在“数据库设计器-stock”中，选择表“stock_sl”并右击鼠标，选择“修改”命令，在屏幕上显示“表设计器-stock_sl.dbf”窗口，单击“索引”选项卡，然后输入索引名“股票代码”，选择类型为“主索引”，表达式为“股票代码”，最后单击“确定”按钮，再单击“是(Y)”按钮就可以建立主索引了。

(4) 为表stock_name设置有效性规则，left(股票代码，1)=“6”，错误提示内容为“股票代码的第一位必须是6”。

① 在“数据库设计器-stock”中，选择表“stock_name”并右击鼠标，选择“修改”命令项。

② 在“表设计器-stock_name.dbf”中，选择“股票代码”字段，在“字段有效性”标签的“规则”中输入“left(股票代码，1)=‘6’”，在“信息”中输入“‘股票代码的第一位必须是6’”，最后单击“确定”按钮即可。

附：习题答案

一、选择题

1. B　2. A　3. B　4. A　5. B　6. C　7. B　8. D　9. A　10. C
11. D　12. B　13. A　14. B　15. B

二、填空题

1. 自由表

2. 参照完整性

3. CREATE DATABASE　OPEN DATABASE　MODIFY DATABASE　CLOSE DATABASE　DELETE DATABASE

4. ADD TABLE　REMOVE TABLE

5. MODIFY

6. DBC 文件　DCT 文件　DCX 文件

7. 默认值

8. 格式　记录

9. 不能插入记录

10. 数据库

第6章　SQL语言的应用

6.1　学习指导

6.1.1　SQL的特点

SQL是结构化查询语言(Structured Query Language)的缩写，其主要的特点是：

(1) SQL是一种一体化语言，提供了完整的数据定义、操作和控制功能，可以完成数据库活动中的全部工作。

(2) SQL是一种非过程化的语言，用户只需要明确提出做什么，而不必指明具体的操作过程。

(3) SQL语言非常简洁，只有为数不多的几个命令动词。

(4) SQL语言的执行方式多样，既可以像VFP命令一样按交互方式执行，也可以嵌入到其他语言的程序中使用。

(5) SQL语言是一种面向集合的语言，每个语句的操作对象是一个或多个关系，同时结果也往往是一个关系。

6.1.2　SQL的数据查询

1. 简单查询

简单查询是基于单表的查询，由SELECT和FROM短语构成无条件查询或者由SELECT、FROM和WHERE短语构成有条件查询。

格式：SELECT <字段名表> FROM <表名> [WHERE <条件表达式>]

(1) 显示某几个字段

```
SELECT 学号,姓名 FROM student
```

(2) 用通配符 * 表示所有字段

```
SELECT * FROM student
```

(3) 用DISTINCT去掉重复记录

```
SELECT DISTINCT 学号 FROM score
```

(4) 用WHERE子句查询满足条件的记录

```
SELECT * FROM student WHERE 性别 ="男"
```

WHERE子句的“条件表达式”中，允许使用LIKE、IN、NOT IN和BETWEEN等几个特殊运算符。通配符“%”代表0个或多个字符，通配符“_”代表1个字符。WHERE子句中常用的查询条件如表 6-1 所示。

表 6-1　常用查询条件及示例

查询条件	运算符	示例
比较	=,>,<,>=,<=,!=,<>,!>,!<	入学成绩>=550
确定范围	BETWEEN AND	入学成绩 BETWEEN 550 AND 600
确定集合	IN,NOT IN	籍贯 IN (“福建”,“浙江”)
字符匹配	LIKE	姓名 LIKE “李%”
多重条件	AND,OR	籍贯=“福建” OR 籍贯=“浙江”

(5) 用 ORDER BY 子句对查询结果进行排序

```
SELECT * FROM student ORDER BY 籍贯 ASC,入学成绩 DESC
```

ASC 表示查询结果按升序排列，DESC 表示查询结果按降序排列，SQL 默认查询结果升序排列，所以 ASC 经常被省略。

2. 统计查询

统计查询是指 SQL 可以直接对查询结果进行进一步的统计操作处理，常用统计函数有：计数 COUNT( )、求和 SUM( )、求平均值 AVG( )、求最大值 MAX( )、求最小值 MIN( )。

(1) 使用统计函数和别名

```
SELECT COUNT(*) AS 男生人数,AVG(入学成绩) AS 平均入学成绩,MAX(入学成绩) AS 入学最高分,MIN(入学成绩) AS 入学最低分 FROM student WHERE 性别 ="男"
```

命令中的 AS 用于给该列起一个别名，SELECT 子句中不仅有字段，也可以有表达式。

(2) 使用其他函数

```
SELECT 学号,姓名,YEAR(DATE( ))-YEAR(出生日期) AS 年龄 FROM student
```

3. 分组查询

分组查询是指先按某个字段的值将所有记录分组，然后对每个分组进行统计运算，分组依据的字段由 GROUP BY 子句指定。

(1) 使用 GROUP BY 子句

例如，查询每门课程的平均成绩。

```
SELECT 课程编号,AVG(成绩) AS 平均成绩 FROM score GROUP BY 课程编号
```

(2) 使用 GROUP BY 子句和 HAVING 子句

使用 HAVING 子句可以对分组查询的结果再进行一次筛选，HAVING 子句总是跟在 GROUP BY 子句后面，不可单独使用。

例如，查询课程的平均成绩高于 70 分的课程编号和平均成绩。

```
SELECT 课程编号,AVG(成绩) FROM score GROUP BY 课程编号 HAVING AVG(成绩)>=70
```

HAVING 子句是对分组查询结果进行筛选，而 WHERE 子句是对表中所有记录进行筛选。SQL 命令执行的过程是：先用 WHERE 子句对记录进行筛选，然后再根据 GROUP BY 子句对筛选后的记录进行分组，最后用 HAVING 子句对分组结果进行筛选。

例如，查询不及格人数超过 10 人的课程以及不及格人数。

```
SELECT 课程编号,COUNT(*) AS 人数 FROM score WHERE 成绩<60;
GROUP BY 课程号 HAVING COUNT(*)>10
```

HAVING 子句中的表达式可以使用别名，如上例中的“COUNT(＊)＞10”可以写成“人数＞10”。

4. 嵌套查询

如果查询结果来自一张表，但相关查询条件却涉及另一张表，则可以使用嵌套查询来完成。

格式：SELECT ＜字段名＞ FROM ＜表名＞ WHERE ＜字段名＞ [NOT] IN；

(SELECT ＜字段名＞ FROM ＜表名＞ WHERE ＜条件表达式＞)

例如，查询有不及格课程的学生情况。

SELECT * FROM student WHERE 学号 IN (SELECT 学号 FROM score WHERE 成绩＜60)

命令执行时，先执行括号里的内层查询，再执行外层查询。当内层查询的结果只有一个值时，可以使用比较运算符，如＝、＞等。

5. 多表查询

基于多个表的查询，首先要考虑表间的连接关系，最简单的方法是取两个表中的公共字段作为两个表的连接条件。

例如，查询王娟的所有课程成绩。

SELECT student.学号，姓名，课程编号，成绩 FROM student，score WHERE student.学号 = score.学号 AND 姓名 ="王娟"

其中“student.学号＝score.学号”就是用于实现两表连接的查询条件，“姓名＝‘王娟’”是用于筛选记录的查询条件。

在 FROM 子句中可以为表指定别名，以简化表名的书写。上面的例子可改写为：

SELECT a.学号，姓名，课程编号，成绩 FROM student a，score b WHERE a.学号 = b.学号 AND 姓名 ="王娟"

若 SELECT 子句中的字段在查询涉及的两个或者两个以上的表中出现，必须在字段前加上表名，以示区别。

6. 连接查询

连接查询也是基于多个表的多表查询，连接查询包括内连接、左连接、右连接和完全连接，其说明如表 6-2 所示。

表 6-2 连接的类型和含义

连接类型	说明
内连接	两个表中的字段都满足连接条件，记录才选入查询结果
左连接	连接条件左边的表中的记录都包含在查询结果中，而右边表的记录只有满足连接条件时，才选入查询结果
右连接	连接条件右边的表中的记录都包含在查询结果中，而左边表的记录只有满足连接条件时，才选入查询结果
完全连接	两个表中的记录不论是否满足连接条件，都选入查询结果

格式：SELECT ＜字段名＞ FROM ＜表名＞ INNER|LEFT|RIGHT|FULL JOIN ＜表名＞ ON ＜连接条件表达式＞

例如，查询王娟的所有课程成绩。

SELECT student.学号，姓名，课程号，成绩 FROM student INNER JOIN score ON student.学号 = score.学号 WHERE 姓名 ="王娟"

7. 查询结果的输出

在 SELECT 语句的最后可以添加一个子句，用于指定查询结果的输出去向。输出到永久表，添加"INTO DBF | TABLE ＜表名＞"子句；输出到临时表，添加"INTO CURSOR ＜表名＞"子句；输出到数组，添加"INTO ARRAY ＜数组名＞"子句；输出到打印机，添加"TO PRINTER"子句。

6.1.3 SQL 的数据定义

数据定义包含三方面的内容：定义表结构、修改表结构和删除表。

1. 定义表结构

定义表结构的命令格式为 CREATE TABLE ＜表名＞（…），在括号中指定各字段的字段名、类型、精度、是否支持空值和字段完整性约束条件，以及表的完整性约束条件。

（1）简单定义表结构

CREATE TABLE 职员（职员号 C(8)，姓名 C(8)，基本工资 N(7,2))

（2）定义表结构时建立主索引

CREATE TABLE 职员（职员号 C(8) PRIMARY KEY，姓名 C(8)，基本工资 N(7,2))

（3）定义表结构时建立有效性规则

CREATE TABLE 职员（职员号 C(8) PRIMARY KEY NOT NULL，姓名 C(8)，基本工资 N(7,2) CHECK 基本工资＞= 0 ERROR "基本工资为正数" DEFAULT 0)

（4）定义表结构时建立一对一关系

CREATE TABLE 职员地址（职员号 C(8) PRIMARY KEY REFERENCES 职员，地址 C(50)，邮编 C(6))

（5）定义表结构时建立一对多关系

CREATE TABLE 销售（职员号 C(8)，产品号 C(8)，销售量 I，FOREIGN KEY 职员号 TAG 职员号 REFERENCES 职员）

2. 修改表结构

修改表结构命令以 ALTER TABLE ＜表名＞开头，后面根据不同的操作使用不同的命令。

（1）增加字段

ALTER TABLE 职员 ADD 部门 C(8)

可同时建立字段完整性约束条件。

ALTER TABLE 职员 ADD 部门 C(8) DEFAULT "销售一部"

（2）删除字段

ALTER TABLE 职员 DROP 部门

（3）修改字段

修改字段的类型、宽度时，原来的字段有效性被清除。

ALTER TABLE 职员 ALTER 部门 C(10)

如果要保留原来的字段有效性,必须重新建立。

ALTER TABLE 职员 ALTER 部门 C(10) DEFAULT "销售一部"

只修改或增加字段有效性时,使用短语 SET。

ALTER TABLE 职员 ALTER 部门 SET DEFAULT "销售二部"

删除字段有效性时,使用短语 DROP。

ALTER TABLE 职员 ALTER 部门 DROP DEFAULT

修改字段名时,使用"RENAME"命令。

ALTER TABLE 职员 RENAME COLUMN 基本工资 TO 工资

3. 删除表

删除表命令 DROP TABLE <表名>,从数据库和磁盘上将表直接删除。

DROP TABLE 职员

6.1.4 SQL的数据操纵

数据操纵是指对表中数据的操作,包括数据的插入、更新和删除。

1. 插入记录

(1) 在命令中包含插入记录的具体字段值

格式:INSERT INTO <表名>(字段名表)VALUES(值列表)

字段名表中的字段名顺序必须与值列表中的值顺序完全一致。

INSERT INTO 职员(职员号,姓名,基本工资)VALUES("1001","李明",2200)

当 VALUES 子句中包含了每一个字段的值,并且顺序和表结构一样,则可以省略表名后的字段名表。

INSERT INTO 职员 VALUES("1001","李明",2200)

(2) 从数组或内存变量中导入记录

格式:INSERT INTO <表名> FROM ARRAY <数组名> | MEMVAR

2. 更新记录

格式:UPDATE <表名> SET 字段名 = 表达式 [WHERE <条件表达式>]

如果省略 WHERE 子句,那么将对表中所有记录的某一字段进行更新。

UPDATE 职员 SET 职员号 = "ZY" + 职员号

3. 删除记录

格式:DELETE FROM <表名> [WHERE <条件表达式>]

SQL 中的 DELETE 命令执行的是逻辑删除,若要彻底删除记录,要继续使用"PACK"命令。如果省略 WHERE 子句,那么将删除表中的所有记录。

DELETE FROM 职员

6.2 例题解析

一、选择题

【例 6-1】 以下有关 SELECT 语句的说法中,错误的是______。

A. SELECT 子句规定了结果集中的列顺序

B. SELECT 子句中列的顺序应该与表中列的顺序一致

C. SELECT 子句中可以包含列名和列名的表达式

D. SELECT 子句中可以使用别名

【答案】 B

【解析】 查询结果集中列的顺序由 SELECT 子句中列名的顺序决定，与表中列顺序无关。

【例 6-2】 SELECT * FROM 职工 WHERE NOT(工资>2000 OR 工资<1000)，与该句作用相同的 SQL 语句是______。

A. SELECT * FROM 职工 WHERE 工资 BETWEEN 1000 AND 2000

B. SELECT * FROM 职工 WHERE 工资>1000 AND 工资<2000

C. SELECT * FROM 职工 WHERE 工资>1000 OR 工资<2000

D. SELECT * FROM 职工 WHERE 工资<=1000 AND 工资>=2000

【答案】 A

【解析】 对表达式“工资>2000 OR 工资<1000”做 NOT 运算后的结果应该是“工资>=1000 AND 工资<=2000”，所以 A 是正确的。

【例 6-3】 查询教师表中所有“教授”和“副教授”的记录，下列命令中错误的是______。

A. SELECT * FROM 教师 WHERE 职称 LIKE “%教授”

B. SELECT * FROM 教师 WHERE 职称 IN (“教授”，“副教授”)

C. SELECT * FROM 教师 WHERE 职称=“教授” OR 职称=“副教授”

D. SELECT * FROM 教师 WHERE 职称=“教授” AND 职称=“副教授”

【答案】 D

【解析】 职称字段的值不可能既是“教授”，又是“副教授”，所以 D 是错的。

【例 6-4】 以下关于 HAVING 子句的说法中，错误的是______。

A. HAVING 子句必须与 GROUP BY 子句同时使用

B. HAVING 子句的作用是对分组结果进行限定筛选

C. HAVING 子句和 WHERE 子句可以同时使用

D. HAVING 子句和 GROUP BY 子句无关，可以单独使用

【答案】 D

【解析】 HAVING 子句用于对分组结果进行限定筛选，必须和 GROUP BY 子句同时使用。

【例 6-5】 为职工表的“编号”字段添加有效性规则：编号的最左边两位字符必须是“bh”，正确的 SQL 语句是______。

A. CHANGE TABLE 职工 ALTER 编号 SET CHECK LEFT(编号，2)=“bh”

B. CHANGE TABLE 职工 ALTER 编号 CHECK LEFT(编号，2)=“bh”

C. ALTER TABLE 职工 ALTER 编号 SET CHECK LEFT(编号，2)=“bh”

D. ALTER TABLE 职工 ALTER 编号 CHECK LEFT(编号，2)=“bh”

【答案】 C

【解析】 增加字段有效性规则属于修改字段的操作，应使用 ALTER TABLE ＜表名＞ ALTER ＜字段名＞的命令格式。修改已有字段的有效性规则，执行“SET CHECK”命令；若新增加字段或修改了已有字段的类型、宽度等内容的同时修改已有字段的有效性规则，则执行“CHECK”命令。

【例 6-6】 将职工表中“陈宏”的工资增加 500 元的 SQL 语句是______。

A. REPLACE 工资 WITH 工资＋500 WHERE 姓名＝“陈宏”

B. UPDATE 职工 SET 工资＝工资＋500 WHEN 姓名＝“陈宏”

C. UPDATE 职工 SET 工资＝工资＋500 FOR 姓名＝“陈宏”

D. UPDATE 职工 SET 工资＝工资＋500 WHERE 姓名＝“陈宏”

【答案】 D

【解析】 增加工资属于更新数据操作，应执行“UPDATE”命令，在 SQL 语句中的条件子句是 WHERE 子句，所以 D 是正确的。“REPLACE”命令也可以实现数据更新操作，但它是一条 VFP 命令，并且使用 FOR 子句作为条件子句。

【例 6-7】 在 VFP 中，用下面的 SQL 命令创建 student 表：

CREATE TABLE student(学号 C(8) PRIMARY KEY NOT NULL，姓名 C(8)，年龄 N(2) CHECK(年龄＞15 AND 年龄＜30)

以下 SQL 语句中可以正确执行的是______。

A. INSERT INTO student(编号，年龄，姓名) VALUES (“2008001”，“李明”，16)

B. INSERT INTO student(编号，姓名，年龄) VALUES (“2008001”，“李明”，14)

C. INSERT INTO student(编号，姓名，年龄) VALUES (NULL，“李明”，16)

D. INSERT INTO student(编号，姓名，年龄) VALUES (“2008001”，“李明”，16)

【答案】 D

【解析】 选项 A 中字段列表的顺序和值列表的顺序不一致，选项 B 中年龄的值超出了年龄字段有效性规则的取值范围，选项 C 中学号的值不能为 NULL，因为学号字段是主索引，因此只有 D 是正确的。

例 8～10 题使用如下数据表：

学生.DBF：学号(C,8)，姓名(C,6)，性别(C,2)，出生日期(D)

选课.DBF：学号(C,8)，课程号(C,3)，成绩(N,5,1)

【例 6-8】 计算刘明同学选修的所有课程的平均成绩，正确的 SQL 语句是______。

A. SELECT AVG(成绩)FROM 选课 WHERE 姓名＝“刘明”

B. SELECT AVG(成绩)FROM 学生，选课 WHERE 姓名＝“刘明”

C. SELECT AVG(成绩)FROM 学生，选课 WHERE 学生.姓名＝“刘明”

D. SELECT AVG(成绩)FROM 学生，选课 WHERE 学生.学号＝选课.学号 AND 姓名＝“刘明”

【答案】 D

【解析】 查询条件和查询结果涉及姓名和成绩两个字段，这两个字段在两个表中，所以该查询是一个多表查询，多表查询一定要取公共字段作为连接条件；选项 A 是单表查询，选项 B 和 C 没有连接条件，只有选项 D 有连接条件“学生. 学号＝选课. 学号”，因此 D 是正确的。

【例 6-9】 假定学号的第 3、4 位为专业代码。要计算各专业学生选修课程号为“101”课程的平均成绩，正确的 SQL 语句是______。

A. SELECT 专业 AS SUBS(学号，3，2)，平均分 AS AVG(成绩)FROM 选课；
   WHERE 课程号＝“101”GROUP BY 专业

B. SELECT SUBS(学号，3，2)AS 专业，AVG(成绩)AS 平均分 FROM 选课；
   WHERE 课程号＝“101”GROUP BY 1

C. SELECT SUBS(学号，3，2)AS 专业，AVG(成绩)AS 平均分 FROM 选课；
   WHERE 课程号＝“101”ORDER BY 专业

D. SELECT 专业 AS SUBS(学号，3，2)，平均分 AS AVG(成绩)FROM 选课；
   WHERE 课程号＝“101”ORDER BY 1

【答案】 B

【解析】 选项 A 和 D 的别名使用错误，正确格式应是“表达式 AS 别名”。题目要求查询各个专业的某课程平均成绩，首先要按专业分组，然后再统计平均成绩，所以是一个分组查询，因此选项 C 使用 ORDER BY 排序子句是错误的。在 GROUP BY 后面的字段可以用它们在 SELECT 子句中的位置序号来代替，因此选项 B 是正确的。

【例 6-10】 查询选修课程号为“101”课程得分最高的同学，正确的 SQL 语句是______。

A. SELECT 学生. 学号，姓名 FROM 学生，选课 WHERE 学生. 学号＝选课. 学号；
   AND 课程号＝“101”AND 成绩＞＝(SELECT MAX(成绩)FROM 选课)

B. SELECT 学生. 学号，姓名 FROM 学生，选课 WHERE 学生. 学号＝选课. 学号；
   AND 成绩＞＝(SELECT MAX(成绩)FROM 选课 WHERE 课程号＝“101”)

C. SELECT 学生. 学号，姓名 FROM 学生，选课 WHERE 学生. 学号＝选课. 学号；
   AND 成绩＞＝(SELECT MIN(成绩)FROM 选课 WHERE 课程号＝“101”)

D. SELECT 学生. 学号，姓名 FROM 学生，选课 WHERE 学生. 学号＝选课. 学号；
   AND 课程号＝“101”AND 成绩＞＝(SELECT MAX(成绩)FROM 选课 WHERE 课程号＝“101”)

【答案】 D

【解析】 嵌套查询先执行括号中的内层查询，再执行外层查询。在该题中内层查询必须先查询出“101”课程最高分的分数，选项 A 的内层查询结果是所有课程中最高分的分数，选项 C 的内层查询结果是“101”课程最低分的分数，所以 A 和 C 错误；在外层查询中查询的是“101”课程得分分数等于最高分分数的记录，选项 B 的外层查询结果是所有课程中得分分数等于最高分数的记录，所以 B 错误，因此只有 D 是正确的。

二、填空题

【例 6-11】 如下命令查询雇员表中“部门号”字段为空值的记录。

SELECT * FROM 雇员 WHERE 部门号______

【答案】 IS NULL

【解析】 判断字段值是否为 NULL 值，必须使用 IS NULL 或 NOT IS NULL 来判断，而不能使用其他运算符，如“＝”。

【例 6-12】 在 SQL 的 SELECT 查询中，HAVING 子句不可以单独使用，总是跟在______子句之后一起使用。

【答案】 GROUP BY

【解析】 HAVING 子句的作用是对分组结果进行筛选，所以必须在 GROUP BY 子句之后一起使用。

【例 6-13】 在 SELECT 语句中将查询结果存放在一个表中应该使用______子句。

【答案】 INTO TABLE

【解析】 INTO TABLE 将查询结果存放到永久表中，INTO CURSOR 将查询结果存放到临时表，INTO ARRAY 将查询结果存放到数组中。

例 14～17 题使用以下数据表：

学生.DBF：(学号，姓名，性别，专业，出生日期，是否党员，入学成绩)

课程.DBF：(课程编号，课程名称，任课教师)

成绩.DBF：(学号，课程编号，分数)

【例 6-14】 查询成绩表中课程的数量的 SQL 语句是：

SELECT COUNT ______ FROM 成绩

【答案】 DISTINCT 课程编号

【解析】 COUNT 函数格式为：COUNT([DISTINCT|ALL]<字段名>)，用于统计某一字段中值的个数，如果使用 DISTINCT 短语，表示统计时去掉重复的值，显然在成绩表中课程编号是有重复的，所以使用 DISTINCT 短语。

【例 6-15】 查询各门课程的选修人数的 SQL 语句是：

SELECT 课程名称，______ AS 选修人数；

FROM 课程，成绩 WHERE 课程.课程编号＝成绩.课程编号；

GROUP BY ______

【答案】 COUNT(*)　课程.课程编号(或成绩.课程编号)

【解析】 这是一个涉及多表的分组查询，GROUP BY 子句指定分组字段为“课程编号”，但两个表都含有“课程编号”字段，所以要明确指明按哪个表的“课程编号”字段分组；分组之后，使用 COUNT(　)函数统计每个分组的记录个数，即各门课程的记录条数。

【例 6-16】 给学生表的“入学成绩”字段增加有效性规则和提示信息，要求入学成绩大于 500 分，小于 750 分，对应 SQL 语句是：

ALTER TABLE 学生 ALTER 入学成绩；

______入学成绩>=500 AND 入学成绩<=750

______“入学成绩在 500 与 750 之间”

【答案】 SET CHECK　ERROR

【解析】 仅修改或增加一个已有字段的有效性规则时，使用 SET CHECK 短语，ERROR短语用于增加提示信息。

【例 6-17】 修改学生表中“性别”字段类型为字符型，宽度为 2，并要求字段的值只能是“男”或“女”，对应的 SQL 语句是：

ALTER TABLE 学生表 ALTER 性别 C(2)______性别______(“男”，“女”)

【答案】 CHECK　IN

【解析】 当修改一个已有字段的类型和宽度时，无论新增还是修改该字段的有效性规则都使用 CHECK 短语；确定范围的表达式使用 IN 运算符。

三、操作题

【例 6-18】 使用 SQL 语句完成各题要求，数据表结构如下所示：

学生表(学号，姓名，性别，系部)

课程表(课程号，课程名，开课单位)

成绩表(学号，课程号，分数)

① 统计选修了课程的学生人数(选修多门时，只计算一次)，统计结果保存在一个新表 new_table 中，表中只有一个字段，字段名为学生人数。

【答案】

```
SELECT COUNT(DISTINCT 学号) AS 学生人数 FROM 成绩；
INTO TABLE new_table.dbf
```

② 查询没有学生选修的课程，查询结果含“课程名”和“开课单位”字段，结果按课程名升序保存在一个新表 new_table2 中。

【答案】

```
SELECT 课程名，开课单位 FROM 课程；
WHERE 课程号 NOT IN (SELECT DISTINCT 课程号 FROM 成绩)；
ORDER BY 课程名 INTO TABLE  new_table2.dbf
```

或者使用连接查询：

```
SELECT 课程名，开课单位；
FROM 课程 a LEFT JOIN 成绩 b ON a.课程号 = b.课程号；
WHERE a.课程号！= b.课程号；
ORDER BY 课程名 INTO TABLE  new_table2.dbf
```

③ 查询没有选修任何课程的学生信息，查询结果包括“学号”、“姓名”和“系部”字段，查询结果按学号升序排列。

【答案】 SELECT b.学号，姓名，系部；

FROM 成绩 a RIGHT JOIN 学生 b ON a.学号 = b.学号；

WHERE a.学号！= b.学号；

ORDER BY b.学号

④ 查询选课在 5 门课程以上(包括 5 门)的学生的学号、姓名、平均分和选课门数，并按平均分降序排序。

【答案】 SELECT a.学号，姓名，AVG(分数) AS 平均分，COUNT(课程号) AS 选课门数；

FROM 学生 a，成绩 b；

WHERE a.学号 = b.学号；

GROUP BY 姓名 HAVING 选课门数 > = 5；

ORDER BY 3 DESC

⑤ 查询各门课程最高分获得者的情况(并列最高分的学生要一起显示出来)，查询结果包括课程名、最高分、姓名、系部，并按课程号升序、学号升序排列。

【答案】 该题可以用 3 个 SQL 语句来完成：

SELECT 课程号，MAX(分数) AS 最高分 FROM 成绩 GROUP BY 课程号；

INTO CURSOR temp

SELECT a.学号，a.课程号，a.分数 FROM 成绩 a，temp b；

WHERE a.课程号 = b.课程号 AND a.分数 = b.最高分；

INTO CURSOR temp2

SELECT 课程名，分数 AS 最高分，姓名，系部；

FROM 学生 a，课程 b，temp2 c；

WHERE a.学号 = c.学号 AND b.课程号 = c.课程号；

ORDER BY b.课程号，a.学号

6.3 习　题

一、选择题

1. 使用 SQL 语句进行分组查询时，为了去掉不满足条件的分组，应当______。

A. 使用 WHERE 子句

B. 在 GROUP BY 后面使用 HAVING 子句

C. 先使用 WHERE 子句，再使用 HAVING 子句

D. 先使用 HAVING 子句，再使用 WHERE 子句

2. SQL 的数据操作语句不包括______。

A. INSERT　　B. UPDATE　　C. DELETE　　D. CHANGE

3. 从表 STUDENT 中查询所有姓王的同学的信息，正确的命令是______。

A. SELECT * FROM STUDENT WHERE LEFT(姓名,2)＝“王”

B. SELECT * FROM STUDENT WHERE RIGHT(姓名,2)＝“王”

C. SELECT * FROM STUDENT WHERE TRIM(姓名,2)＝“王”

D. SELECT * FROM STUDENT WHERE STR(姓名,2)＝“王”

4. 查询订购单号(字符型，长度为 4)尾字符是“1”的错误命令是______。

A. SELECT * FROM 订单 WHERE SUBSTR(订购单号,4)＝“1”

B. SELECT * FROM 订单 WHERE SUBSTR(订购单号,4,1)＝“1”

C. SELECT * FROM 订单 WHERE“1” $ 订购单号

D. SELECT * FROM 订单 WHERE RIGHT(订购单号,1)＝“1”

5. 在 SQL 中，与表达式“工资 BETWEEN 1210 AND 1240”功能相同的表达式是______。

A. 工资＞＝1210 AND 工资＜＝1240　　B. 工资＞1210 AND 工资＜1240

C. 工资＜＝1210 AND 工资＞1240　　D. 工资＞＝1210 OR 工资＜＝1240

6. 在 SQL 中，与表达式“仓库号 NOT IN(‘wh1’,‘wh2’)”功能相同的表达式是______。

A. 仓库号＝“wh1”AND 仓库号＝“wh2”

B. 仓库号！＝“wh1”OR 仓库号＃“wh2”

C. 仓库号＜＞“wh1”OR 仓库号！＝“wh2”

D. 仓库号！＝“wh1”AND 仓库号！＝“wh2”

7. 在 SQL 中，与表达式“供应商名 LIKE‘％北京％’”功能相同的表达式是______。

A. LEFT(供应商名,4)＝“北京”　　B. “北京” $ 供应商名

C. 供应商名 IN“％北京％”　　D. AT(供应商名,“北京”)

8. 使用 SQL 语句将学生表 S 中年龄(AGE)大于 30 岁的记录删除，正确的命令是______。

A. DELETE FOR AGE＞30

B. DELETE FROM S WHERE AGE＞30

C. DELETE S FOR AGE＞30

D. DELETE S WHERE AGE＞30

第 9～15 题使用如下 3 个表：

职员.DBF：职员号 C(3)，姓名 C(6)，性别 C(2)，组号 N(1)，职务 C(10)。

客户.DBF：客户号 C(4)，客户名 C(36)，地址 C(36)，所在城市 C(36)。

订单.DBF：订单号 C(4)，客户号 C(4)，职员号 C(3)，签订日期 D，金额 N(6.2)。

9. 查询金额最大的那10％订单的信息。正确的SQL语句是______。

A. SELECT * TOP 10 PERCENT FROM 订单

B. SELECT TOP 10％ * FROM 订单 ORDER BY 金额

C. SELECT * TOP 10 PERCENT FROM 订单 ORDER BY 金额

D. SELECT TOP 10 PERCENT * FROM 订单 ORDER BY 金额 DESC

10. 查询订单数在3个以上、订单的平均金额在200元以上的职员号，正确的SQL语句是______。

A. SELECT 职员号 FROM 订单 GROUP BY 职员号
HAVING COUNT(*)＞3 AND AVG_金额＞200

B. SELECT 职员号 FROM 订单 GROUP BY 职员号
HAVING COUNT(*)＞3 AND AVG(金额)＞200

C. SELECT 职员号 FROM 订单 GROUP BY 职员号
HAVING COUNT(*)＞3 WHERE AVG(金额)＞200

D. SELECT 职员号 FROM 订单 GROUP BY 职员号
WHERE COUNT(*)＞3 AND AVG_金额＞200

11. 显示2005年1月1日后签订的订单，显示订单的订单号、客户名以及签订日期，正确的SQL语句是______。

A. SELECT 订单号，客户名，签订日期 FROM 订单 JOIN 客户
ON 订单.客户号＝客户.客户号 WHERE 签订日期＞{^2005-1-1}

B. SELECT 订单号，客户名，签订日期 FROM 订单 JOIN 客户
WHERE 订单.客户号＝客户.客户号 AND 签订日期＞{^2005-1-1}

C. ELECT 订单号，客户名，签订日期 FROM 订单，客户
WHERE 订单.客户号＝客户.客户号 AND 签订日期＜{^2005-1-1}

D. ELECT 订单号，客户名，签订日期 FROM 订单，客户
ON 订单.客户号＝客户.客户号 AND 签订日期＜{^2005-1-1}

12. 显示没有签订任何订单的职员信息(职员号和姓名)，正确的SQL语句是______。

A. SELECT 职员.职员号，姓名 FROM 职员 JOIN 订单
ON 订单.职员号＝职员.职员号 GROUP BY 职员.职员号 HAVING COUNT(*)＝0

B. SELECT 职员.职员号，姓名 FROM 职员 LEFT JOIN 订单
ON 订单.职员号＝职员.职员号 GROUP BY 职员.职员号 HAVING COUNT(*)＝0

C. SELECT 职员号，姓名 FROM 职员
WHERE 职员号 NOT IN(SELECT 职员号 FROM 订单)

D. SELECT 职员.职员号，姓名 FROM 职员
WHERE 职员.职员号＜＞(SELECT 订单.职员号 FROM 订单)

13. 与下面 SQL 语句功能相同的 SQL 语句是______。

SELECT 订单号,签订日期,金额 FROM 订单,职员 WHERE 订单.职员号=职员.职员号 AND 姓名="李二"

A. SELECT 订单号,签订日期,金额 FROM 订单
WHERE EXISTS(SELECT * FROM 职员 WHERE 姓名="李二")

B. SELECT 订单号,签订日期,金额 FROM 订单 WHERE
EXISTS(SELECT * FROM 职员 WHERE 职员号=订单.职员号 AND 姓名="李二")

C. SELECT 订单号,签订日期,金额 FROM 订单
WHERE IN(SELECT 职员号 FROM 职员 WHERE 姓名="李二")

D. SELECT 订单号,签订日期,金额 FROM 订单 WHERE
IN(SELECT 职员号 FROM 职员 WHERE 职员号=订单.职员号 AND 姓名="李二")

14. 从订单表中删除客户号为"1001"的订单记录,正确的 SQL 语句是______。

A. DROP FROM 订单 WHERE 客户号="1001"

B. DROP FROM 订单 FOR 客户号="1001"

C. DELETE FROM 订单 WHERE 客户号="1001"

D. DELETE FROM 订单 FOR 客户号="1001"

15. 将订单号为"0060"的订单金额改为 169 元,正确的 SQL 语句是______。

A. UPDATE 订单 SET 金额=169 WHERE 订单号="0060"

B. UPDATE 订单 SET 金额 WITH 169 WHERE 订单号="0060"

C. UPDATE FROM 订单 SET 金额=169 WHERE 订单号="0060"

D. UPDATE FROM 订单 SET 金额 WITH 169 WHERE 订单号="0060"

二、填空题

1. SQL 插入记录的命令是______,删除记录的命令是______,修改记录的命令是______。

2. 设有学生选课表 SC(学号,课程号,成绩),用 SQL 语言检索每门课程的课程号及平均分的语句是:SELECT 课程号,______ FROM SC ______。

3. 给零件表的"数量"字段增加有效性规则:数量>0,应该使用的 SQL 语句是:
______ TABLE 零件______数量 SET ______数量>0。

4. 给学院表插入一条新的记录的 SQL 语句是:
INSERT ______学院(系号,系名)______("04","计算机")。

5. 求"工商管理"系的所有职工的工资总和的 SQL 语句是:
SELECT ______(工资)FROM 教师 WHERE 系号 IN(SELECT ______ FROM 学院 WHERE 系名="工商管理")。

6. 将所有教授的工资提高 5%的 SQL 语句是：

______教师 SET 工资＝工资＊1.05 ______职称＝“教授”。

第 7～10 题使用以下数据表：

图书(总编号,书名,作者,出版单位)

读借(借书证号,单位,姓名,性别)

借阅(借书证号,总编号,借书日期)

7. 如果要查询所有读者的姓名、所借书名和借书日期,请对下面的 SQL 语句填空。

SELECT 读者.姓名，图书.书名，借阅.借书日期 FROM 读者，借阅，图书；

WHERE ______ AND ______

8. 如果要在藏书中查询“高等教育出版社”和“科学出版社”的图书,请对下面的 SQL 语句填空。

SELECT 书名，作者，出版单位 FROM 图书 WHERE 出版单位________

9. 如果要查询所藏图书中,各个出版社的图书最高单价、平均单价和册数,请对下面的 SQL 语句填空。

SELECT 出版单位，MAX(单价)，______，______ FROM 图书______出版单位

10. 如果要查询借阅了两本和两本以上图书的读者姓名和单位,请对下面的 SQL 语句填空。

SELECT 姓名,单位 FROM 读者 WHERE 借书证号______；

(SELECT ______ FROM 借阅 GROUP BY 借书证号______ COUNT(＊)＞＝2)

6.4 教材习题答案

一、选择题

1. A　2. D　3. A　4. A　5. C　6. B　7. A　8. C　9. D　10. A

11. B　12. C　13. C　14. A　15. A

二、填空题

1. 数据查询
2. SELECT　FROM　WHERE
3. FROM
4. 降序　升序
5. BETWEEN AND　IN
6. SELECT COUNT(＊) FROM STUDENT WHERE 性别＝“男”
7. SELECT 学号，姓名，入学成绩 FROM STUDENT WHERE 姓名 LIKE “刘%”
8. DELETE FROM STUDENT WHERE 性别＝“女”
9. PRIMARY KEY　REFERENCES
10. ALTER TABLE STUDENT ADD Email C(30)

11. CHECK

12. 入学成绩＞＝550 AND 入学成绩＜＝600

13. WHERE

14. LIKE　　%　　_

15. SELECT SUM(实发工资) FROM 工资

三、思考题

1. SQL 是结构化查询语言(Structured Query Language)的缩写,SQL 语言的主要功能包括:数据查询、数据定义、数据操作和数据控制。SQL 的主要特点是:①SQL 是一种一体化语言,提供了完整的数据定义、操作和控制功能,可以完成数据库活动中的全部工作。②SQL 是一种非过程化的语言,用户只需要明确提出做什么,而不必指明具体的操作过程。③SQL 语言非常简洁,只有为数不多的几个命令动词。④SQL 语言的执行方式多样,既可以像 VFP 命令一样按交互方式执行,又可以嵌入到其他语言的程序中使用。⑤SQL 语言是一种面向集合的语言,每个语句的操作对象是一个或多个关系,同时结果也往往是一个关系。

2. SELECT ＜字段名表＞ FROM ＜表名＞ WHERE ＜条件表达式＞

3. 若一个 SELECT 查询的 WHERE 子句中包含另一个 SELECT 查询(子查询),则这种查询称为嵌套查询。例如,要查询李明同学"1001"课程的成绩,那么可以先在子查询里查找李明的学号,然后再根据学号查找"1001"课程的成绩,SELECT 分数 FROM 成绩 WHERE 课程编号＝"1001" AND 学号＝(SELECT 学号 FROM 学生 WHERE 姓名＝"李明")。

连接查询是基于多个相关数据表的多表查询,主要是利用 SELECT 语句的 FROM ＜表名 1＞JOIN ＜表名 2＞ ON ＜连接条件＞短语来实现的。例如,查询大学英语的所有成绩,就涉及课程表和成绩表,两个表的连接条件就是公共字段课程编号,SELECT 课程名称, 分数 FROM 课程, 成绩 WHERE 课程.课程编号＝成绩.课程编号 AND 课程名称＝"大学英语"。

4. (1) CREATE TABLE RSDA(编号 C(4) PRIMARY KEY, 姓名 C(8), 性别 C(2), 婚否 L,出生日期 D, 工作时间 D, 部门 C(8))

(2) CREATE TABLE SALARY(编号 C(4) PRIMARY KEY REFERENCES RSDA, 基本工资 N(7,2), 奖金 N(4,0), 所得税 N(7,2), 实发工资 N(7,2))

(3) SELECT * FROM RSDA WHERE YEAR(出生日期)＜1970

(4) SELECT 姓名, 部门, 工作时间 FROM RSDA WHERE 性别 = "女" ORDER BY 部门

(5) SELECT 编号, 姓名, 部门 FROM RSDA WHERE 姓名 LIKE "李%"

(6) UPDATE SALARY SET 实发工资 = 基本工资 + 奖金 - 所得税

(7) SELECT * FROM RSDA WHERE 部门 = "销售部" INTO TABLE XSB.DBF

(8) SELECT 编号，姓名，部门，实发工资 FROM RSDA a，SALARY b WHERE a.编号 = b.编号 ORDER BY 部门 INTO TABLE SFGZ.DBF

(9) SELECT 部门，SUM(实发工资) FROM RSDA a，SALARY b WHERE a.编号 = b.编号 GROUP BY 部门

(10) ALTER TABLE SALARY ADD 津贴 N(4,0)

6.5 实验题

按题目要求,在命令窗口中输入相关 SQL 命令并执行,观察命令执行结果。

(1) 创建 SALE 数据库和以下数据表,同时建立职员表与销售表的一对多关系、产品表与销售表的一对多关系。

职员表(职员号 C(8),姓名 C(8),性别 C(2),部门 C(10),基本工资 N(7,2))

产品表(产品号 C(8),产品名 C(20),单价 N(7,2))

销售表(职员号 C(8),产品号 C(8),销售数量 I)

(2) 添加有效性规则:性别只能是男或女、单价和销售数量都必须大于等于 0,同时给 3 个表添加若干条记录。

(3) 简单查询:

① 列出产品表中的所有记录。

② 列出所有销售出了产品的职员的职员号,去掉重号。

③ 查询男职员的职员号、姓名和基本工资。

④ 查询不是“销售一部”且基本工资不低于 1000 的职员,要求列出职员号、部门、基本工资,并按基本工资升序排列。

⑤ 查询所有“销售一部”和“销售二部”的职员的职员号、姓名、部门,并将结果输出到表 table1 中。

⑥ 查询姓“刘”的职员的职员号、姓名、部门,并将结果输出到表 table2 中。

(4) 分组查询:

① 查询各部门的基本工资最大值、最小值和平均值。

② 查询平均基本工资大于 2000 的部门以及平均基本工资。

③ 查询各部门的总销售数量。

(5) 多表查询:

① 列出所有职员的销售产品情况,包括职员号、姓名、产品名、销售数量。

② 查询销售产品“洗手液”的数量大于 500 的职员的职员号、姓名、销售数量。

③ 查询各产品的总销售数量,包括产品号、产品名、总销售量。

(6) 嵌套查询:

① 查询销售产品数量大于 500 的职员的职员号、姓名、部门。

② 查询销售产品“洗手液”的数量大于 500 的职员的职员号、姓名。

③ 查询与“李明”同一部门的职员的职员号、姓名。

6.6 实验题答案

按题目要求,在命令窗口中输入相关 SQL 命令并执行,观察命令执行结果。

(1) CREATE DATABASE SALE

CREATE TABLE 职员(职员号 C(8) PRIMARY KEY, 姓名 C(8), 性别 C(2), 部门 C(10),基本工资 N(7,2))

CREATE TABLE 产品(产品号 C(8) PRIMARY KEY, 产品名 C(20), 单价 N(7,2))

CREATE TABLE 销售(职员号 C(8), 产品号 C(8), 销售数量 I, ;

FOREIGN KEY 职员号 TAG ZYH REFERENCES 职员, ;

FOREIGN KEY 产品号 TAG CPH REFERENCES 产品)

(2) ALTER TABLE 产品 ALTER 单价 SET CHECK 单价>0

ALTER TABLE 销售 ALTER 销售数量 SET CHECK 销售数量>0

INSERT INTO TABLE 职员("1001","李明","男","销售一部", 2000)

INSERT INTO TABLE 产品("C01","洗手液", 20)

INSERT INTO TABLE 销售("1001","C01", 1000)

(3) 简单查询

① SELECT * FROM 产品

② SELECT DISTINCT 职员号 FROM 销售

③ SELECT 职员号, 姓名, 基本工资 FROM 职员 WHERE 姓名="男"

④ SELECT 职员号, 部门, 基本工资 FROM 职员 WHERE 部门="销售一部"AND 基本工资>=1000 ORDER BY 基本工资

⑤ SELECT 职员号, 姓名, 部门 FROM 职员 WHERE 部门 IN ("销售一部","销售二部") INTO TABLE table1

⑥ SELECT 职员号, 姓名, 部门 FROM 职员 WHERE LEFT(姓名,2)="刘"INTO TABLE table2

(4) 分组查询

① SELECT MAX(基本工资), MIN(基本工资), AVG(基本工资) FROM 职员 GROUP BY 部门

② SELECT 部门, AVG(基本工资) AS 平均工资 FROM 职员 GROUP BY 部门 HAVING 平均工资>2000

③ SELECT 部门, SUM(销售数量) AS 总销售量 FROM 职员 a, 销售 b WHERE a.职员号=b.职员号 GROUP BY 部门

(5) 多表查询

① SELECT a.职员号, 姓名, 产品名, 销售数量 FROM 职员 a, 产品 b, 销售 c WHERE a.职员号=c.职员号 AND b.产品号=c.产品号

② SELECT a.职员号, 姓名, 销售数量 FROM 职员 a, 产品 b, 销售 c WHERE a.职员号=c.职员号 AND b.产品号=c.产品号 AND 产品名="洗手液"AND 销售数量>500

③ SELECT a.产品号, 产品名, SUM(销售数量) AS 总销售量 FROM 产品 a, 销售 b WHERE a.产品号=b.产品号 GROUP BY 产品名

(6) 嵌套查询

① SELECT 职员号，姓名，部门 FROM 职员 WHERE 职员号 IN（SELECT 职员号 FROM 销售 WHERE 销售数量＞500）

② SELECT 职员号，姓名 FROM 职员 WHERE 职员号 IN（SELECT 职员号 FROM 产品 a，销售 b WHERE a.产品号＝b.产品号 AND 产品名＝"洗手液" AND 销售数量＞500）

③ SELECT 职员号，姓名 FROM 职员 WHERE 部门 ＝（SELECT 部门 FROM 职员 WHERE 姓名＝"李明"）

附：习题答案

一、选择题

1. B　2. D　3. A　4. C　5. A　6. D　7. B　8. B　9. D　10. C
11. A　12. C　13. B　14. C　15. A

二、填空题

1. INSERT　DELETE　UPDATE
2. AVG(成绩)　GROUP BY　课程号
3. ALTER　ALTER　CHECK
4. INTO　VALUES
5. SUM　系号
6. UPDATE　WHERE
7. 借阅.借书证号＝读者.借书证号　图书.总编号＝借阅.总编号
8. IN(“高等”,“科学”)或IN(“高等教育出版社”,“科学出版社”)或出版单位＝“高等教育出版社”.OR.出版单位＝“科学出版社”
9. AVG(单价)　COUNT(＊)　GROUP BY
10. IN　借书证号　HAVING

第7章　查询与视图

7.1　学习指导

7.1.1　基本概念

1. 查询与视图的区别

查询与视图是性质相近的文件，都可以进行数据表的检索，但是它们之间也存在差异：

(1) 查询文件的执行结果可以存储成多种数据格式，如图表、报表等，而视图的查询结果同一般的数据表文件一样，可以当作数据表文件来使用。

(2) 查询的数据仅供输出查看，不能回存，而视图则可以修改并且回存到数据表中。也就是说，查询文件的结果不属于数据库，而视图文件存在于数据库中。

(3) 视图文件的数据来源分别是数据表文件、视图、服务器上的数据表文件、远程数据表文件。

2. 建立查询

用“查询设计器”来建立查询一般有以下几个步骤：

(1) 使用查询向导或查询设计器开始建立查询。

(2) 选择出现在查询结果中的字段。

(3) 设置选择条件来查找所需结果的记录。

(4) 设置排序或分组选项来组织查询结果。

(5) 选择查询结果的输出类型：表、报表、标签、浏览窗口等。

(6) 查询可以用文件加以保存，它存在扩展名为.QPR的文件中。

(7) 运行查询。

3. 视图查询

“视图”是一组记录，它的来源可以是本地表、其他视图、存于服务器上的表或远程数据源。

创建视图和创建查询的过程相类似，主要的差别在于视图是可更新的，而查询则不可更新。视图查询操作主要有以下内容：

(1) 视图文件的建立。

(2) 控制视图字段的显示与输入。

(3) 为视图添加筛选表达式。

(4) 建立远程数据连接。

(5) 建立远程视图。

(6) 用视图更新数据。

(7) 控制更新数据的条件。

(8) 控制视图更新的方法。

(9) 为视图传递参数。

7.1.2 基本操作

1. 创建查询

在“新建”对话框上选择“查询”，单击“新建文件”按钮。

2. 打开查询

在“打开”对话框中的“文件类型”下拉列表中选择“查询(*.qpr)”，然后选择或在“文件名”框中输入查询文件名，单击“确定”按钮即可。

3. 关闭查询

单击查询设计器右上角的关闭按钮。

4. 在查询设计器中添加表文件

在查询设计器的上半部分数据环境右击鼠标，选择快捷菜单中的“添加表”命令，打开“添加表或视图”对话框，选择“添加”按钮或在数据库栏中添加所需表文件。

5. 移去表文件

在查询设计器中的表上右击鼠标，打开快捷菜单，选择“移去表”命令。

6. 创建视图

先打开一个数据库设计器，再在“新建”对话框上选择“视图”或“远程视图”，单击“新建文件”按钮。

7. 打开视图

打开视图所在的数据库设计器，选中视图文件，右击鼠标，选择快捷菜单中的“浏览”或“修改”命令。

8. 关闭视图

单击视图设计器右上角的关闭按钮。

7.1.3 相关命令

创建查询：CREATE QUERY [<查询文件名>|?]。

修改查询：MODIFY QUERY [<查询文件名>|?]。

运行查询：DO <查询文件名.QPR>。

创建视图：CREATE VIEW [<视图文件名>|?]。

修改查询：MODIFY VIEW [<视图文件名>|?]。

7.2 例题解析

一、选择题

【例 7-1】 在 Visual FoxPro 中，当一个查询基于多个表时，要求表______。

A. 之间不需要有联系　　B. 之间必须有联系的

C. 之间一定不要有联系　　D. 之间可以有联系也可以没有联系

【答案】 B

【解析】 在 Visual FoxPro 中，当一个查询基于多个表时，要求表之间必须存在联系。

【例 7-2】 关于查询的描述中，正确的是______。

A. 不能根据自由表建立查询
B. 只能根据自由表建立查询
C. 只能根据数据库表建立查询
D. 可以根据数据库表和自由表建立查询

【答案】 D

【解析】 建立查询时，会打开“添加表或视图”对话框，用来指定建立查询的数据源，数据源可以是表或视图，而在指定数据表时，既可以指定自由表，也可以指定数据库表。

【例 7-3】 查询设计器中创建的查询文件的扩展名为______。

A. .QPR
B. .PRG
C. .SCX
D. .MPR

【答案】 A

【解析】 查询文件的扩展名是.QPR，扩展名为.PRG 的是程序文件，扩展名为.SCX 的是表单文件，而扩展名为.MPR 的则是菜单代码文件。

【例 7-4】 要查看查询的结果，可使用______。

A. “文件”菜单的“打开”
B. “显示”菜单的“查询”
C. “查询”菜单的“显示”
D. “程序”菜单的“运行”

【答案】 D

【解析】 查看查询结果可选择“程序”菜单的“运行”命令，也可选择“查询”菜单的“运行查询”。

【例 7-5】 在“视图设计器”窗口中共有 7 个选项卡，其中 6 个与“查询设计器”相同，不包括在“查询设计器”中的选项卡是______。

A. 字段
B. 筛选
C. 更新条件
D. 联接

【答案】 C

【解析】 “视图设计器”可以进行表间的数据更新，因此比“查询设计器”多了一个“更新条件”选项卡。

二、填空题

【例 7-6】 在关系数据库中，视图依赖于______，不独立存在。

【答案】 数据库

【解析】 在关系数据库中，可以将视图看作是派生出来的虚拟表，它依赖于数据库，但不独立存在。

【例 7-7】 在建立查询时，建立查询的数据源可以是______和______。

【答案】 表 视图

【解析】 建立查询时，会打开“添加表或视图”对话框，用来指定建立查询的数据源，数据源可以是表或视图，而在指定数据表时，既可以指定自由表，又可以指定数据库表。

【例 7-8】 创建视图时，相应的数据库必须是处于______状态。

【答案】 打开

【解析】 由于视图是数据库中的一个特有的功能，因此，只有在打开数据库时，才能创建视图。

三、操作题

【例 7-9】 ①新建一个查询文件，向其添加 Student 表；②查询字段：学号、姓名、出生日期、入学成绩；③只查询性别为女的学生；④以入学成绩排序；⑤运行浏览。

【操作步骤】

① 新建查询：选择“文件”菜单的“新建”命令→打开“新建”对话框，如图 7-1 所示，选择“文件类型”为“查询”，单击“新建文件”按钮→打开“添加表或视图”对话框，单击“添加”按钮，选中 student. dbf，单击“确定”按钮，添加到查询设计器窗口中，如图 7-2 所示。

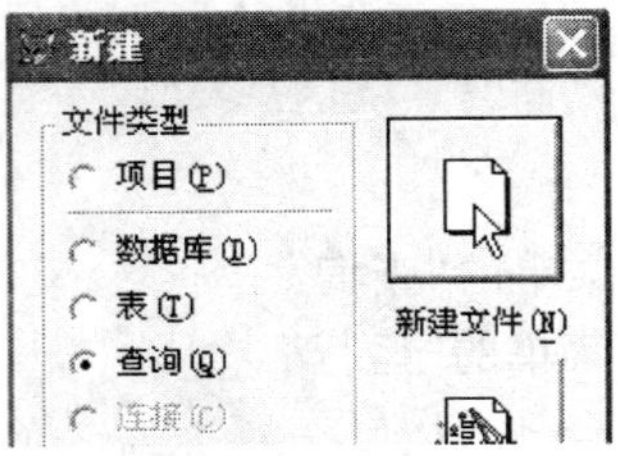

图 7-1 “新建”对话框

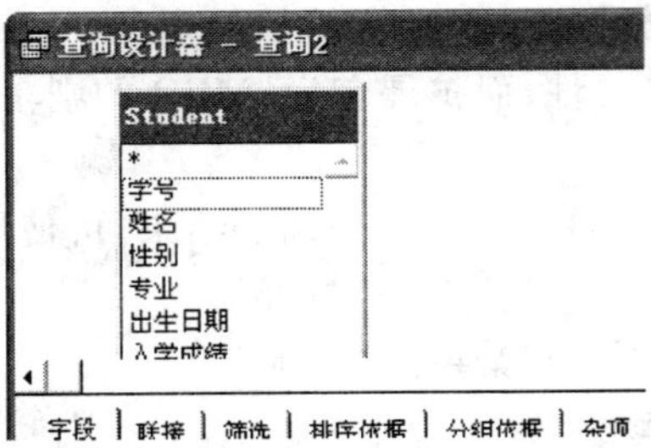

图 7-2 “查询设计器”窗口

② 选取查询所需要的字段：在查询设计器中选择“字段”选项卡，从“可用字段”列表框中选择“学号”字段，再单击“添加”按钮，将其添加到“选定字段”列表框中，使用上述方法将“姓名”、“出生日期”、“入学成绩”字段添加到“选定字段”列表框中，如图 7-3 所示。

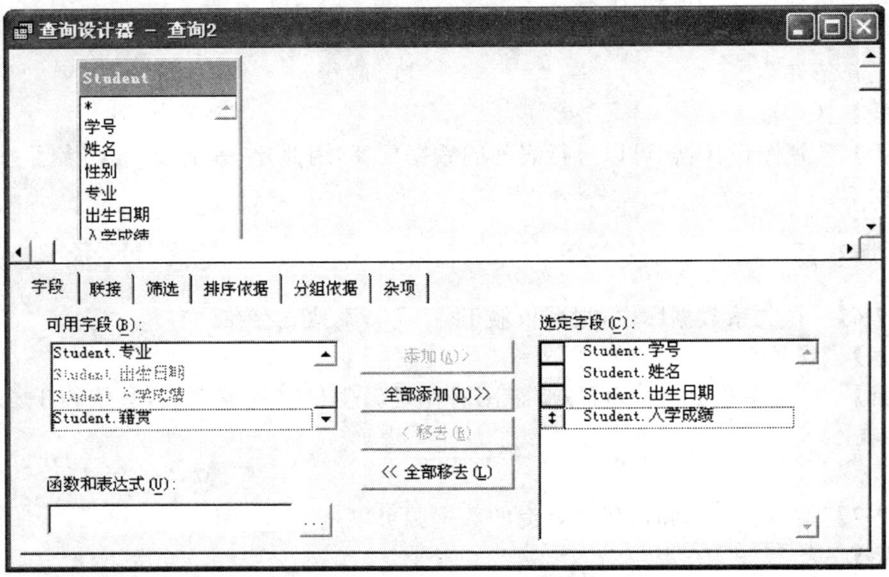

图 7-3 选择的字段

③ 设置查询条件:选择“筛选”选项卡。单击“字段名”输出框,从显示的下拉列表中选取“性别”,从“条件”下拉列表中选择“=”,从“实例”输入框中单击,显示输入提示符后输入:“女”,如图 7-4 所示。

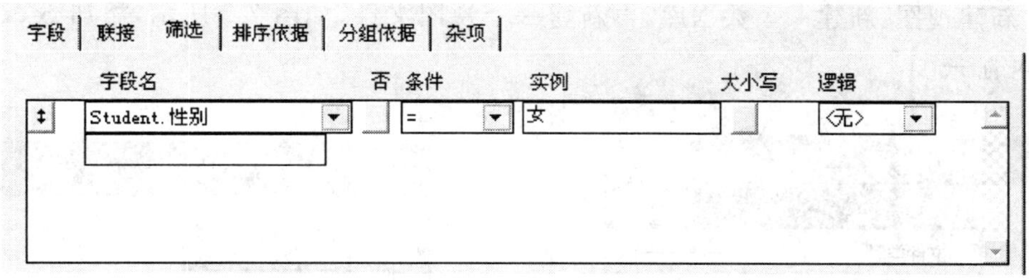

图 7-4 设置筛选条件

④ 建立排序查询:单击“排序依据”选项卡。从“可用字段”列表框中选择“入学成绩”字段,再单击“添加”按钮,将其添加到“选定字段”列表框中,如图 7-5 所示。

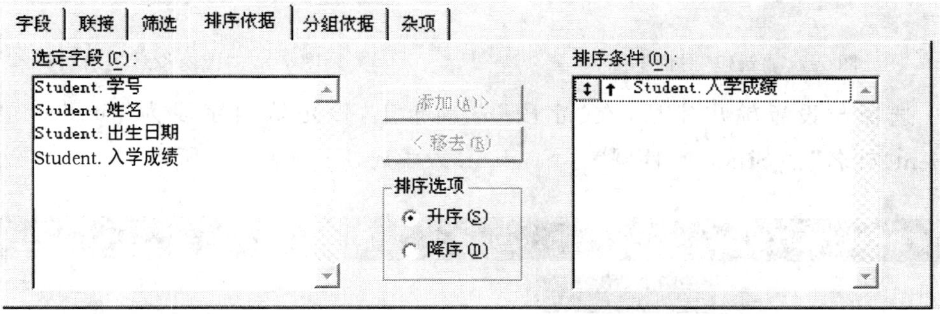

图 7-5 设置排序依据

⑤ 运行查询文件:在查询设计器空白处右击鼠标,在快捷菜单中选择“运行查询”,或单击常用工具栏上的“运行”按钮,运行查询文件,结果如图 7-6 所示。

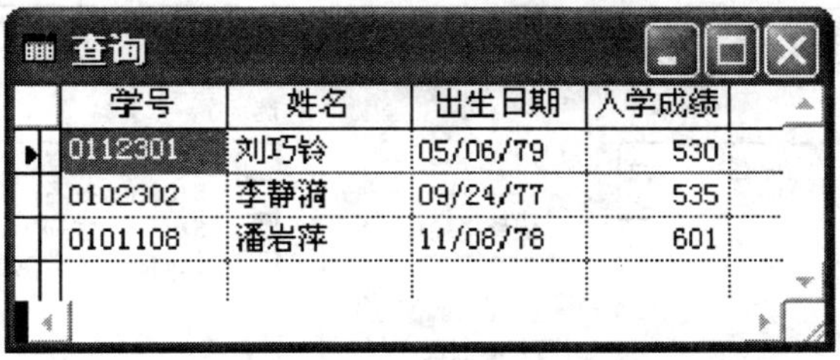

图 7-6 查询结果

上面所建立查询的 SQL 命令如下:

```
SELECT Student.学号, Student.姓名, Student.出生日期, Student.入学成绩;
FROM Student;
WHERE Student.性别 = "女";
ORDER BY Student.入学成绩
```

【例 7-10】 ①对 Student 表建立视图;②显示学号、姓名、性别、入学成绩;③姓名可更新。

【操作步骤】

① 新建视图:新建一个数据库,再新建一个视图文件,如图 7-7 所示,添加 Student 表,如图 7-8 所示。

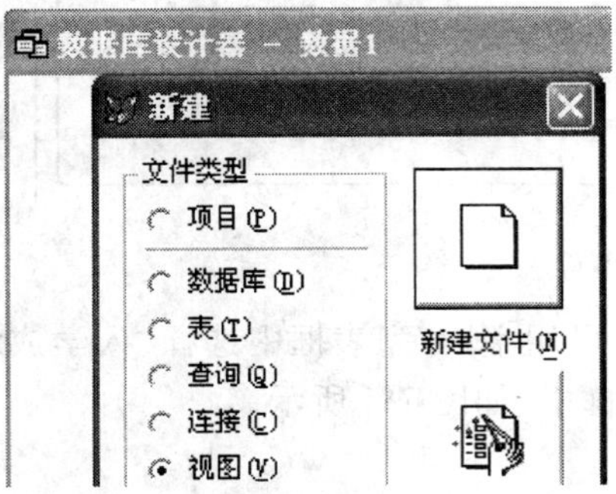

图 7-7 "新建"对话框

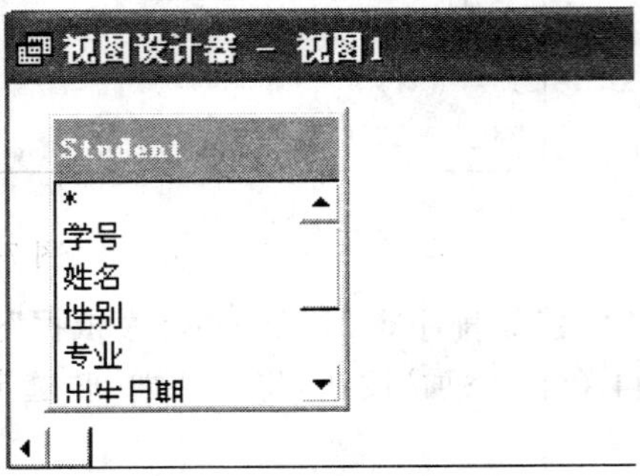

图 7-8 "视图设计器"窗口

② 选择与设置输出字段,在"字段"选项卡上,设定输出字段为"Student. 学号"、"Student. 姓名"、"Student. 性别"、"Student. 入学成绩",如图 7-9 所示。

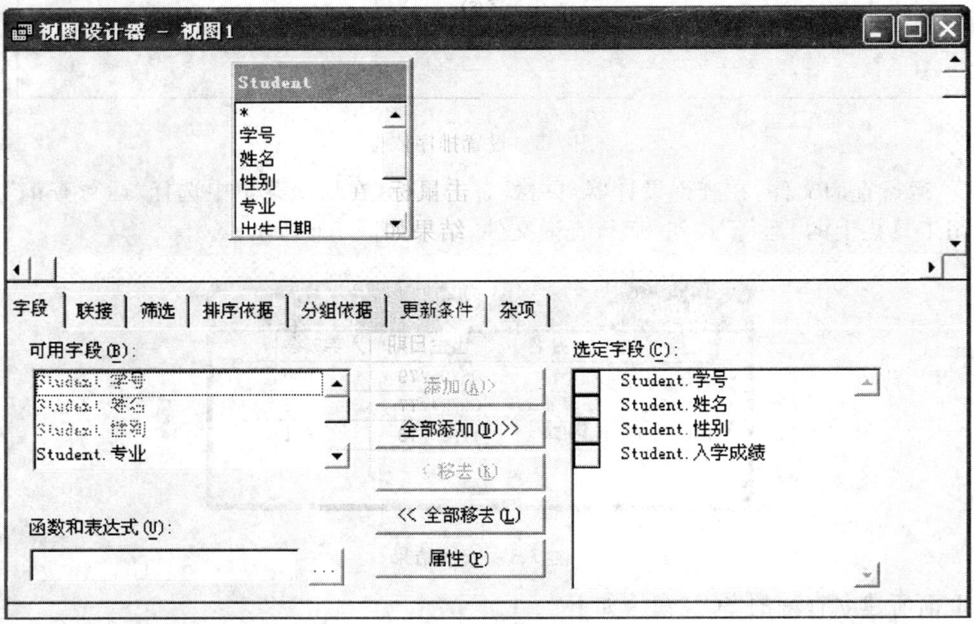

图 7-9 选定视图字段

③ 更新设计:选择"更新条件"选项卡,设置"关键字段"和"更新字段",如图 7-10 所示。

④ 运行视图,结果如图 7-11 所示。

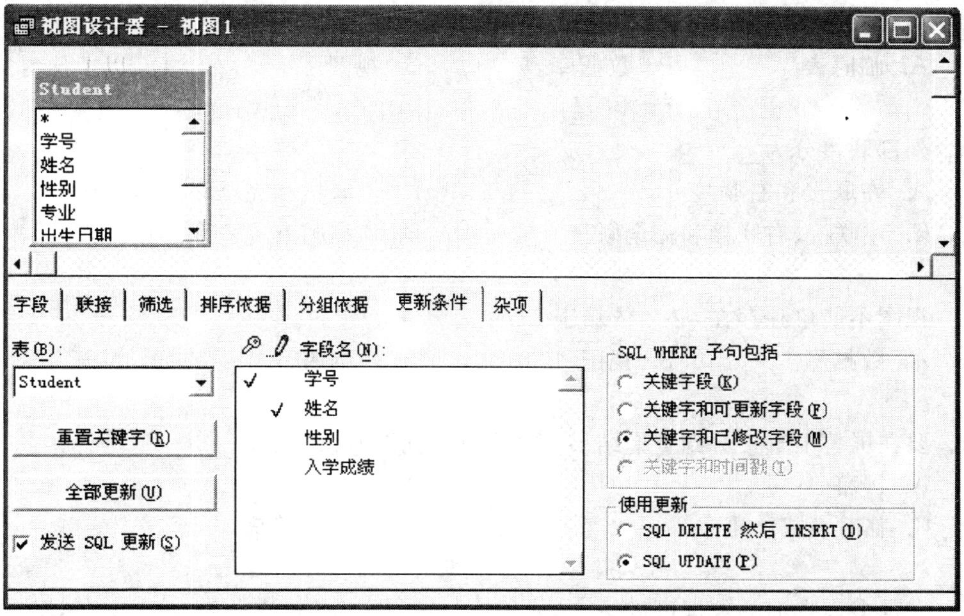

图 7-10　更新设计

视图1

学号	姓名	性别	入学成绩
0112301	刘巧铃	女	530
0101102	张云飞	男	512
0102303	吕毅	男	522
0102302	李静潸	女	535
0102306	章文祥	男	541
0101108	潘岩萍	女	601
0104101	康树龙	男	589
0102310	郑勇	男	521
0102304	隋涛	男	544

图 7-11　视图表

7.3　习　题

一、选择题

1. 查询设计器提供了______个选项卡进行查询设定。

　A. 6　　B. 2　　C. 4　　D. 8

2. 不能作为查询数据源的是______。

　A. 数据库表　　B. 查询　　C. 视图　　D. 以上均可

3. 在 Visual FoxPro 中,查询的数据源可以是______。

A. 临时表 B. 数据库表 C. 视图 D. 以上均可

4. 外部联接分为______。

A. 左联接和右联接 B. 左联接和完全联接

C. 左联接、右联接和完全联接 D. 右联接和完全联接

5. 视图不能单独存在,必须依赖于______。

A. 数据库 B. 视图 C. 数据表 D. 查询

6. 要在屏幕上直接看到查询结果,在“查询去向”中应该选择______。

A. 屏幕 B. 浏览

C. 临时表或屏幕 D. 浏览或屏幕

7. 实现多表查询的数据可以是______。

A. 远程视图 B. 数据库 C. 数据表 D. 本地视图

8. “视图设计器”比“查询设计器”多出的选项卡是______。

A. 更新条件 B. 字段 C. 排序依据 D. 联接

9. 表的联接有物理联接和______。

A. 外部联接 B. 逻辑联接

C. 内部联接 D. 完全联接

10. 默认查询的输出形式是______。

A. 浏览 B. 数据表 C. 图形 D. 报表

二、填空题

1. 视图具有______和______的功能。
2. 视图的______功能可以修改表中的数据。
3. 视图中的数据来自数据库中的______或______。
4. 由多个本地数据表创建的视图称为______。
5. 内部联接是指只有______的记录才包含在查询结果中。
6. 通过视图不仅可以查询数据库表,还可以______数据库表。
7. 查询设计器______生成所有的 SQL 查询语句。
8. 表的联接分为内部联接和______。
9. 在命令窗口中建立视图所用的命令是______。
10. 在命令窗口中打开“视图设计器”修改视图的命令是______。

7.4 教材习题答案

一、选择题

1. D　2. C　3. A　4. A　5. B　6. B　7. B　8. B　9. B　10. D

二、填空题

1. ORDER BY

2. 本地视图　远程视图

3. 联接

4. 指定其他的记录选择条件

5. 6个　7个

6. 一样有名字、字段、记录等数据表特征　都可用来从一个或多个相关联的表中提取需要的数据信息

7. SQL 的 SELECT

8. “联接”选项卡　FROM...JOIN...ON

三、简述与操作题

1. 在 Visual FoxPro 中，除了用“LOCATE”、“SEEK”等命令进行查询，还可使用查询工具——查询设计器和查询向导实现。

2. 利用查询设计器和查询向导可以方便地构造查询数据应满足的条件，并可将查询条件存储起来，建立起所谓的查询文件，运行查询文件即可获得所需的结果。利用查询设计器或查询向导所建立的查询文件的扩展名为.QPR。

3. 相同点：都可以用来从一个或多个相关联的表中提取需要的数据信息，创建过程也相似。

不同点：查询生成的结果，只可看，不可改，视图生成的结果，可看，可改，直接影响数据库内表的内容，比“查询”多一个“更新选项卡”。查询的输出去向可以是浏览窗口、屏幕、打印机、数组，还可以是一个文件，如自由表、图表、报表、标签等，而视图的输出结果只能是一个虚拟表，但可以当作普通数据表来使用。查询的数据来源是 VFP 的数据表和视图，而视图的数据来源除了 VFP 的数据表和视图之外，还可以是远程服务器上的数据表、VFP 之外的数据表。

4. 操作步骤：

① 选择“文件”菜单中的“新建”命令，选择“文件类型”为“数据库”，单击“新建文件”按钮，打开“创建”对话框，在“数据库名”文本框中输入“教学管理.dbc”，单击“保存”按钮，此时建立了数据库，同时打开“数据库设计器”窗口。

② 在“数据库设计器”的空白处，右击鼠标，在快捷菜单中选择“新建表”命令，打开“新建”对话框，选择“新建表”，如图新建 3 个表：Student.dbf、Score.dbf、Course.dbf，建立相应

的字段与索引，输入相关数据记录。

③ 选择“文件”菜单中的“新建”命令，选择“文件类型”为“查询”，单击“新建文件”按钮。

④ 添加“教学管理”数据库中的 3 个表文件到“查询设计器”窗口。

⑤ 单击“字段”选项卡，在“选定字段”框中添加“Student. 学号、Student. 姓名、Course. 课程名称、Score. 成绩”4 个字段。

⑥ 单击“筛选”选项卡，设定查询条件：Student. 专业 =“国际贸易”。

⑦ 单击“排序依据”选项卡，在“排序条件”框中添加“Course. 课程名称”字段。

⑧ 运行查询。

5. 操作步骤：

① 选择“文件”菜单中的“打开”命令，选择“文件类型”为“数据库”，选中“教学管理. dbc”，单击“确定”按钮，此时打开了数据库。

② 选择“文件”菜单中的“新建”命令，选择“文件类型”为“视图”，单击“新建文件”按钮。

③ 添加“教学管理”数据库中的 3 个表文件到“查询设计器”窗口。

④ 单击“字段”选项卡，在“选定字段”框中添加“Student. 学号、Student. 姓名、Course. 课程名称、Score. 成绩”4 个字段。

⑤ 单击“更新条件”选项卡，将“Score. 成绩”字段设置为可更新字段（将铅笔图标下对应部分单击，出现√），选中“发送 SQL 更新”复选框。

⑥ 运行查询，更改“成绩”记录。

7.5 实验题

建立学生信息管理数据库，要求包含的 Student 表、Score 表、Course 表及其相关联系，完成下列实验内容：

（1）使用 SQL 语言和查询设计器两种方法（注意比较）建立查询，查找所有学生的学号、姓名、课程编号、课程名称、成绩字段，并且成绩在 75 分（含 75 分）以上，按成绩升序排列。

（2）使用 SQL 语言和视图设计器两种方法（注意比较）建立视图，查找所有学生的学号、姓名、课程编号、课程名称、成绩字段，并且成绩在 75 分（含 75 分）以上，按成绩升序排列。

（3）根据第（2）项建立的视图，将成绩字段设置为可更新字段，修改视图中成绩字段中的值，观察相应源表是否随之变化。

7.6 实验题答案

（1）打开学生信息管理数据库：

① 在 Visual FoxPro 的菜单栏中，选择“文件”菜单中的“新建选项”，选定文件类型为“查询”，并选中“新建文件”按钮。

② 将学生信息管理数据库中的 Student. dbf、Score. dbf、Course. dbf 依次添加到查询

设计器中。

③ 选中查询设计器中的"字段"选项卡，将"Student. 学号、Student. 姓名、Course. 课程编号、Course. 课程名称、Score. 成绩"字段添加到选定字段框中，如图 7-12 所示。

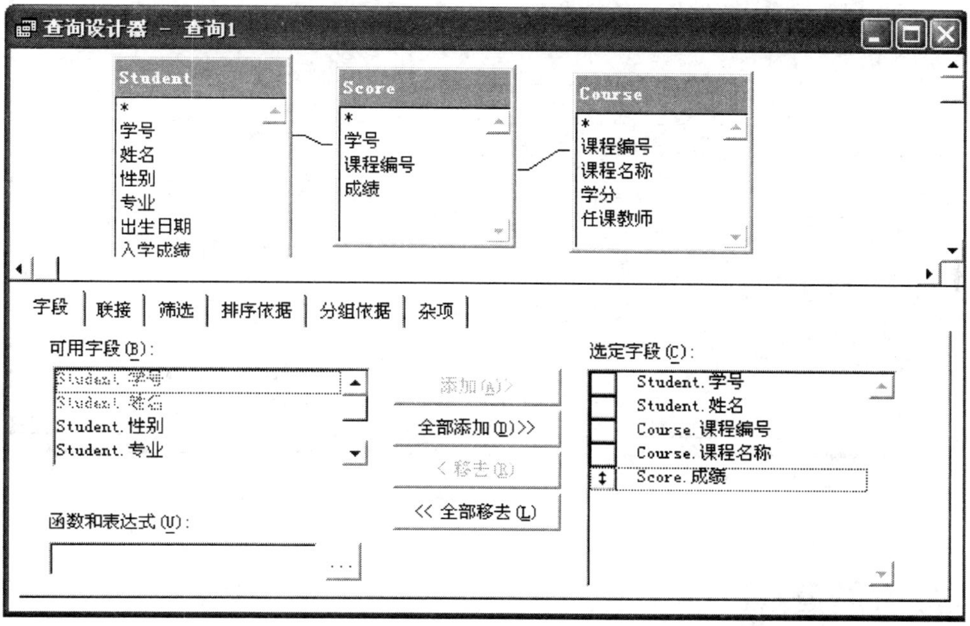

图 7-12　设置字段

④ 选中 "筛选"选项卡，设置筛选条件为 Score. 成绩 >= 75。

⑤ 选中 "排序依据"选项卡，设置排序条件为"Score. 成绩"字段。

⑥ 保存该查询后运行，可获得查询结果。

此外，在 Visual FoxPro 命令窗口中，直接输入 SQL 命令也可获得相同的运行结果：

```
SELECT Student. 学号, Student. 姓名, Course. 课程编号, Course. 课程名称,Score.
成绩;
    FROM 学生信息管理! Student INNER JOIN 学生信息管理! score;
      INNER JOIN 学生信息管理! course;
     ON Course. 课程编号 = Score. 课程编号;
     ON Student. 学号 = Score. 学号;
     WHERE Score. 成绩> = 75;
     ORDER BY Score. 成绩
```

(2) 在 Visual FoxPro 的菜单栏中，选择"文件"菜单中的"新建"选项，选定文件类型为"视图"，并选中"新建文件"按钮。其余设置"字段"和"筛选"两个选项卡的过程与建立查询的方法类似。

(3) 选中"更新条件"选项卡，按图 7-13 设置各选择参数，设置完后保存运行，将学号为"0102303"的同学的成绩字段值由"75"改为"90"，然后查看 Score. dbf 表中的数据，可以看出数据确实已经作了修改。

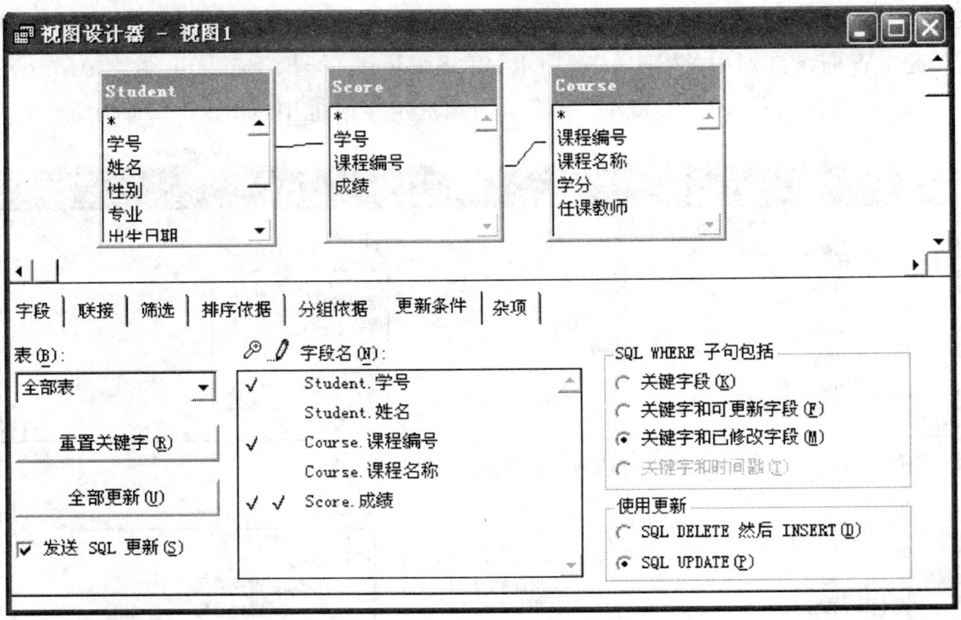

图 7-13 设置更新条件

附：习题答案

一、选择题

1. A　2. B　3. D　4. C　5. A　6. D　7. C　8. A　9. B　10. A

二、填空题

1. 表　查询
2. 更新
3. 表　视图
4. 本地视图
5. 满足联接条件
6. 更新
7. 自动
8. 外部联接
9. CREATE　VIEW
10. MODIFY　VIEW＜文件名＞

第 8 章　结构化程序设计基础

8.1　学习指导

8.1.1　基本概念

1. 程序

Visual FoxPro 程序实际上为了实现某一项任务，将若干条 Visual FoxPro 命令和程序控制语句按一定的结构组成的命令序列。

在 Visual FoxPro 中，程序是以文件的形式保存在外存储器中，程序文件的扩展名为.PRG。

2. 命令文件的建立与运行

(1) 命令文件建立

MODIFY COMMAND<文件名>

(2) 命令文件运行

DO <命令文件名> [WITH<发送参数表>]

(3) 调试命令与辅助命令

```
SET TALK ON/OFF
SET PRINT ON/OFF
SET DEVICE TO PRINT/SCREEN
SET ECHO ON/OFF
TYPE <文件名> [TO PRINT]
CANCEL [<任意字符>]
```

3. 分支程序设计

(1) 简单分支语句

```
IF <条件表达式>
    <语句组>
ENDIF
```

(2) 选择分支语句

```
IF <条件表达式>
    <语句组 1>
ELSE
    <语句组 2>
ENDIF
```

(3) IF 条件语句的嵌套

```
IF ＜条件表达式 1＞
     ＜语句组 1＞
ELSE
   IF ＜条件表达式 2＞
     ＜语句组 2＞
   ELSE
     IF ＜条件表达式 3＞
       ＜语句组 3＞
     ELSE
     ENDIF
   ENDIF
ENDIF
```

(4) 结构分支语句

```
DO CASE
   CASE ＜条件表达式 1＞
           ＜语句组 1＞
   CASE ＜条件表达式 1＞
           ＜语句组 1＞
                 …
       [OTHERWISE]
         [＜语句组＞]
ENDCASE
```

4. 循环结构程序设计

(1) DO WHILE-ENDDO 循环结构

```
DO WHILE ＜条件表达式＞
     ＜语句组＞
       [LOOP]
       [EXIT]
ENDDO
```

(2) DO WHILE-ENDDO 循环嵌套结构

```
DO WHILE ＜条件表达式 1＞
   …
   DO WHILE ＜条件表达式 1＞
       …
     [LOOP]
     [EXIT]
```

```
        ...
    ENDDO
      ...
    [EXIT]
ENDDO
```

(3) FOR-ENDFOR 循环结构

```
FOR 循环变量 = ＜初值＞TO＜终值＞[STEP＜步长＞]
    ＜命令序列＞
    [LOOP]
    [ EXIT]
ENDFOR
```

(4) SCAN-ENDSCAN 循环结构

```
SCAN[＜范围＞] [FOR＜条件表达式＞]
    ＜命令序列＞
    [LOOP]
    [ EXIT]
ENDSCAN
```

(5) 过程文件的建立

```
PROCEDURE＜子过程名＞
  ＜语句组＞
RETURN
```

(6) 打开过程文件

```
SET PROCEDURE TO ＜过程文件名 1＞ [,＜过程文件名 2＞,...]
```

(7) 关闭过程文件

```
CLOSE PROCEDURE
SET PROCEDURE TO
```

(8) 带参数的过程调用

```
DO ＜文件名＞ WITH ＜发送参数表＞
PARAMETERS ＜接受参数表＞
```

8.1.2 基本操作

1. 创建程序

在“新建”对话框上选择“程序”，单击“新建文件”按钮。

2. 打开程序

在“打开”对话框中的“文件类型”下拉列表中选择“程序(*. qpr)”，然后选择或在“文件名”框中输入程序文件名，单击“确定”按钮即可。

3. 运行

在“程序”下拉菜单中，选择“运行”命令。

4. 关闭程序

单击程序文件右上角的关闭按钮。

8.1.3 相关命令

创建或修改程序:MODIFY COMMAND [<程序文件名>|?]

运行程序:DO <程序文件名>

8.2 例题解析

一、选择题

【例 8-1】 在 XS. DBF 中有 30 条记录,执行如下程序:

```
CLEAR
USE XS
GO 10
LIST
? RECNO( )
```

则在窗口中显示的记录是______。

A. 10　　　B. 11　　　C. 30　　　D. 31

【答案】 D

【解析】 在程序中首先打开表 XS. DBF,将记录指针指向第 10 条记录,命令 LIST 将显示全部记录,并将指针指向文件尾记录,这时的记录号为 31。

【例 8-2】 设有如下程序:

```
CLEAR
A=50
B=100
DO WHILE B>A
   A=A+B
   B=B+50
ENDDO
? A
```

执行程序时,显示 A 的值为______。

A. 50　　　B. 150　　　C. 100　　　D. 200

【答案】 B

【解析】 在程序中,首先赋值给变量 A、B 为 50、100,然后在 DO WHILE-ENDDO 循环中判断条件 B 是否大于 A,执行循环体中的命令,这时变量 A、B 的值均为 150,然后再判断条件 B>A 是否为真,条件不为真,则执行循环体后面的命令,即显示变量 A 的值,所以正确答案为 B。

【例 8-3】 设有如下程序：

```
A="1000"
DO SUB
? A
PROCEDURE SUB
A=A+"100"
ENDPROC
```

执行程序时，显示的输出结果为______。

A. 1100　　B. 1000　　C. 1000100　　D. 100100

【答案】 C

【解析】 程序首先将字符串“1000”赋值给变量 A，然后调用过程 SUB，在 SUB 过程中，将字符串“1000”与另一字符串“100”相连生成字符“1000100”，赋值给变量 A 并输出，因此答案为 C。

【例 8-4】 在下列程序运行后，屏幕上显示的结果是______。

```
STORE 0 TO X,Y
DO WHILE X<10
  X=X+Y
  Y=Y+2
ENDDO
? X,Y
```

A. 10　6　　B. 12　8　　C. 10　8　　D. 12　6

【答案】 B

【解析】 X 与 Y 初始值分别为 0，在循环中 Y 的值每次加 2，分别为 2、4 和 6 等，而 X=X+Y 则表示 Y 的若干个值的累加，即 0、2、6 和 12。当 X=12 时，已不满足循环条件 X<10，退出循环，此时 X=12，Y=8。

【例 8-5】 私有变量用______命令来定义。

A. PROJECT　　B. PUBLIC

C. LOCAL　　D. PRIVATE

【答案】 D

【解析】 PROJECT 不是 Visual FoxPro 中的命令。PUBLIC 用来定义公共变量。LOCAL 用来定义局部变量。PRIVATE 用来定义私有变量。

二、填空题

【例 8-6】 下列程序运行后的结果是______。

```
A=1
B=2
DO WHILE A<5
   X=A*B
   ? STR(A,1)+"*"+STR(B,1)+"="+STR(X,2)
   A=A+1
   B=B+1
ENDDO
```

【答案】 1*2= 2

2*6= 6

3*4= 12

4*5= 20

【解析】 程序中循环变量 A 的初始值为 1,循环体中每次加 1,循环执行条件是 A<5,因此,循环次数为 4 次。每次循环中计算 A 与 B 的乘积,语句? STR(A,1)+"*"+STR(B,1)+"="+STR(X,2)是为了显示形如 1*2=2 的输出格式。

【例 8-7】 下列程序执行后,X 和 Y 的值分别为______和______。

```
STORE 2 TO X,Y
DO SUB1
? X,Y
PROCEDURE SUB1
PRIVATE X
Y=5
X=Y+4
? X,Y
```

【答案】 2、5

【解析】 主程序中 X 和 Y 的值都为 2,子程序 SUB1 中,变量 X 被定义为仅在子程序中有效,因此,其值的改变不影响主程序中 X 的值。而变量 Y 在子程序中被赋值为 5,其改变要影响到主程序,这样,在返回主程序时,X 为调用之前的值 2,而 Y 则为在子程序中被改变的值 5。

【例 8-8】 用下列程序找出所有的水仙花数。所谓水仙花数,是指这样一个 3 位数,其各位数字的立方和等于该数本身,如 $153=1^3+5^3+3^3$,对以下程序填空完成该功能。

```
FOR N=100 TO 999
A=INT(N/100)
B=____________
C=____________
```

```
IF N=A^3+B^3+C^3
     ? N
ENDIF
ENDFOR
```

【答案】 INT((N －100 * A)/10)、N－INT(N/10) * 10

【解析】 用程序找出满足条件的数据，采用的是对指定范围内的所有数据一一进行判断的过程。因此，该程序中循环变量从 100～999 表示要处理所有的 3 位数，在循环体中对每个数进行判断。由于要使用到这个 3 位数中各位上的数字，因此在循环体中先将 3 位数 N 的每位上数字找出来，其中 A=INT(N/100)找出的是百位数，B 和 C 保存的分别是十位数和个位数，填空的内容就是从 N 中计算出十位数和个位数，计算这两个值的表达式分别为 INT((N－100 * A)/10)和 N－INT(N/10) * 10。

三、操作题

【例 8-9】 一个简单的求 $ax^2+bx+c=0$ 的方程的解程序。

【操作步骤】

① 新建一程序文件 equation. PRG，也可以使用命令来建立此程序，命令为：MODIFY COMMAND equation

② 输入下列程序，如图 8-1 所示，按快捷键 Ctrl+W 保存。

```
a = 2
b = 1
c = -1
TEMP = b * b - 4 * a * c
X1 = ( - b  +  SQRT(TEMP))/(2 * a)
X2 = ( - b  -  SQRT(TEMP))/(2 * a)
? x1,x2
```

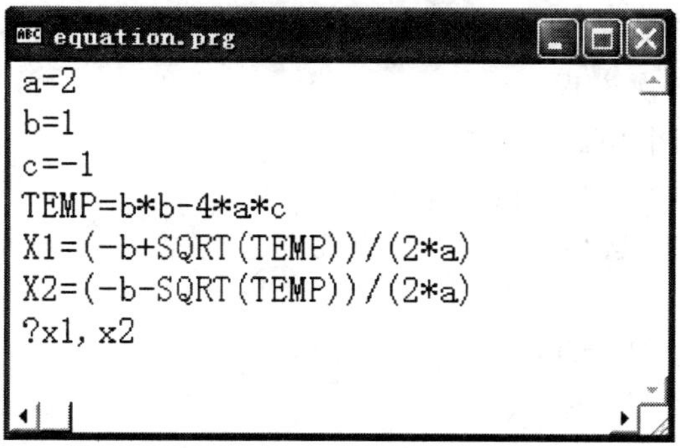

图 8-1　求 $ax^2+bx+c=0$ 的方程的解程序

③ 运行该程序文件。

主窗口显示如下：

0.5000　－1.000

【例 8-10】 用 IF 分支设计：求 $ax^2+bx+c=0$ 的方程的解。

【操作步骤】

① 设计表单。

表单包含下列对象：标签 Label1～ Label5 用于信息提示；文本框 Text1、Text2、Text3 分别用于输入 a、b、c 系数；文本框 Text4、Text5 用于存放方程根 $x1$ 和 $x2$。一个命令按钮 Command1 用于执行计算。界面安排如图 8-2 所示。

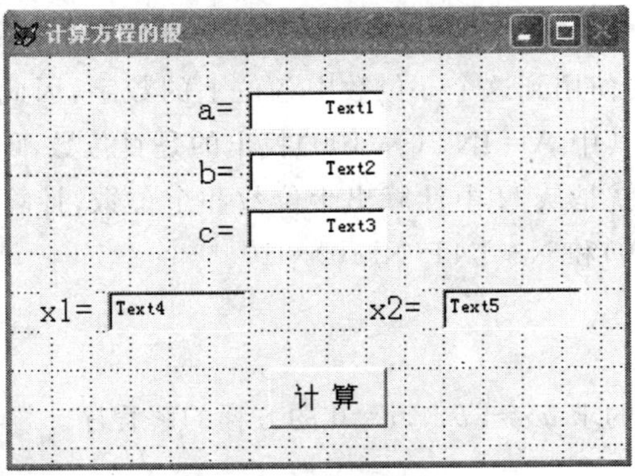

图 8-2 计算一元二次方程根界面

② 设置对象属性，如表 8-1 所示。

表 8-1 计算一元二次方程根对象属性

对象名	属性名	属性值	对象名	属性名	属性值
Form1	Caption	计算方程根	Text1	Value	0
Label1	Caption	$a=$	Text2	Value	0
Label2	Caption	$b=$	Text3	Value	0
Label3	Caption	$c=$	Text4	ReadOnly	.T.
Label4	Caption	$x1=$	Text5	ReadOnly	.T.
Label5	Caption	$x2=$	Command1	Caption	计算

③ 算法分析。

方程的根有以下几种可能：

- $a=0$，不是一元二次方程；
- $b^2-4ac=0$，有两个相等的实根；
- $b^2-4ac>0$，有两个不相等的实根；
- $b^2-4ac<0$，没有实数根。

④ 编写代码。

"计算"按钮(Command1)的 Click 事件代码：

```
a = ThisForm.text1.value
b = ThisForm.text2.value
c = ThisForm.text3.value
drt = b * b - 4 * a * c
IF a! = 0 .and . drt> = 0
      x1 = ( - b + SQRT(drt))/(2 * a)
```

```
        x2 = ( - b - SQRT(drt))/(2 * a)
        ThisForm.text4.value = x1
        ThisForm.text5.value = x2
        ThisForm.Refresh
    ELSE
        IF a = 0
            Messagebox("a 不能为 0!")
        ELSE
            Messagebox("没有实数解!")
        ENDIF
    ENDIF
```

【例 8-11】 用 CASE 分支设计:统计成绩分数段。

【操作步骤】

① 设计表单。

表单包含下列对象:标签 Label1～ Label2 用于信息提示;文本框 Text1 用于输入成绩;文本框 Text2～Text6 用于存放各分数段的统计结果;一个命令按钮 Command1 用于执行统计,每输入一个成绩统计一次。界面安排如图 8-3 所示。

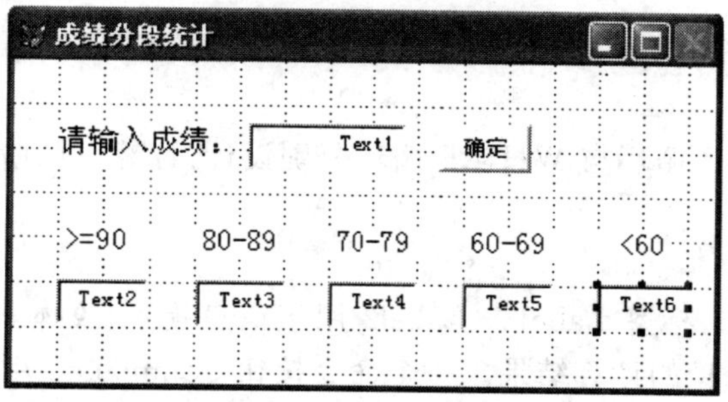

图 8-3　成绩分段统计界面

② 设置对象属性,如表 8-2 所示。

表 8-2　成绩分段统计对象属性

对　象　名	属　性　名	属　性　值
Form1	Caption	成绩分段统计
Label1	Caption	请输入成绩
Label1	Caption	＞＝90　80～89　70～79　60～69　＜60
Text1	Value	0
Text2	Value	0
Text3	Value	0
Text4	Value	0
Text5	Value	0
Text6	Value	0
Command1	Caption	确定

③ 编写代码。

“计算”按钮(Command1)的 Click 事件代码。

```
cj = ThisForm.text1.value
IF cj<0 .or. cj>100
    Messagebox("输入的成绩不正确!")
ELSE
DO CASE
CASE cj> = 90
    ThisForm.text2.value =  ThisForm.text2.value + 1
CASE cj> = 80 .and. cj<90
    ThisForm.text3.value =  ThisForm.text3.value + 1
CASE cj> = 70 .and. cj<80
    ThisForm.text4.value =  ThisForm.text4.value + 1
CASE cj> = 60 .and. cj<70
    ThisForm.text5.value =  ThisForm.text5.value + 1
CASE cj<60
    ThisForm.text6.value =  ThisForm.text6.value + 1
ENDCASE
ENDIF
ThisForm.Refresh
```

【例 8-12】 用 FOR 循环与 WHILE 循环分别设计:计算 n 的阶乘。

【操作步骤】

① 设计表单。

表单包含下列对象:标签 Label1、Label2 用于信息提示;文本框 Text1 用于输入 n;文本框 Text2 用于存放 $n!$ 的计算结果。一个命令按钮 Command1 用于执行计算。界面安排如图 8-4 所示。

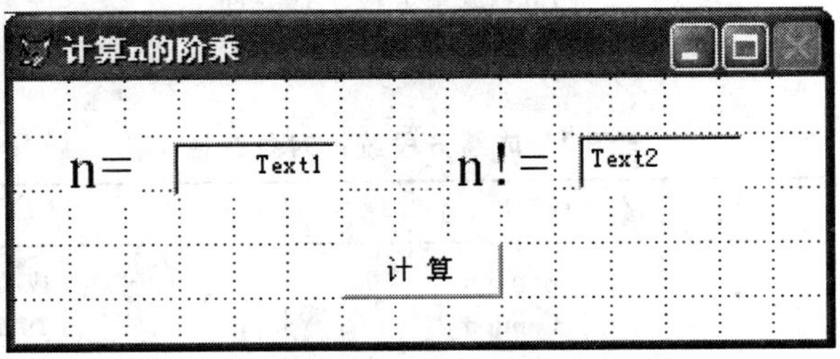

图 8-4　计算 n 的阶乘界面

② 设置对象属性,如表 8-3 所示。

表 8-3　计算 n 的阶乘对象属性

对象名	属性名	属性值	对象名	属性名	属性值
Label1	Caption	n=	Text2	ReadOnly	.T.
Label2	Caption	n! =	Command1	Caption	计算
Text1	Value	0			

③ 编写代码。

“计算”按钮(Command1)的 Click 事件代码：

(1) FOR 循环编写：

```
n = ThisForm.text1.value
IF n<= 0
   RETURN
ENDIF
n1 = 1
FOR i = 1 TO n
   n1 = n1 * i
ENDFOR
ThisForm.text2.value = n1
ThisForm.Refresh
```

(2) WHILE 循环编写：

```
n = ThisForm.text1.value
IF n<= 0
   RETURN
ENDIF
n1 = 1
i = 1
DO WHILE i<= n
   n1 = n1 * i
   i = i + 1
ENDDO
ThisForm.text2.value = n1
ThisForm.Refresh
```

8.3 习　题

一、选择题

1. Visual FoxPro 程序文件的扩展名是______。

   A. .FXP　　B. .FOX　　C. .PRG　　D. .FRT

2. 执行以下程序后，变量 X 的值为______。

   PUBLIC X

   X=5

   DO SUB

   ? X

```
PROCEDURE SUB
PRIVATE X
X=10
RETURN
```

A. 5　　B. 6　　C. 7　　D. 8

3. 下列程序运行的结果是______。

```
N=0
S=0
DO WHILE N<100
    N=N+1
    IF INT(N/2)=N/2
        LOOP
    ELSE
        S=S+N
    ENDIF
ENDDO
? "S=";S
```

A. S=500　　B. S=2500　　C. S=1500　　D. S=2000

4. 下列程序完成的功能是______。

```
S=0
FOR N=2 TO 100 STEP 2
    S=S+N
ENDFOR
? "S=",S
```

A. 1～100 中奇数的和　　B. 1～100 中偶数的和

C. 1～100 中所有数的和　　D. 无意义

5. 已知英语字段当前值是 90,以下程序段的执行结果是______。

```
DO CASE
CASE 英语<60
    INPUT '请输出英语成绩等?' TO 英语
    ? "成绩等级:"+"不及格"
CASE 英语>=60
    ? "成绩等级:"+"及格"
CASE 英语>=70
    ? "成绩等级:"+"中等"
CASE 英语>=80
```

    ?“成绩等级:”+“良好”
CASE 英语>=90
    ?“成绩等级:”+“优秀”
ENDDO

A. 成绩等级:及格　　B. 成绩等级:中等

C. 成绩等级:良好　　D. 成绩等级:优秀

6. 执行以下程序段后,屏幕显示 M 的值是______。

```
M=0
N=100
DO WHILE N>M
    M=M+N
    N=N-10
ENDDO
? M
```

A. 0　　B. 10　　C. 99　　D. 100

7. 以下程序的运行结果是______。

```
DIMENSION A(2,3)
I=1
DO WHILE I<=2
    J=1
    DO WHILE J<=2
        A(I,J)=I*J
        ?? A(I,J)," "
        J=J+1
    ENDDO
    ?
    I=I+1
ENDDO
RETURN
```

A. 1 2 3
1 2 3　　B. 1 2
3 2　　C. 1 2 3
2 4 9　　D. 1 2 3
2 4 6

8. 执行 INPUT 命令输入数据,要输入字符串时,可以使用的定界符是______。

A. 单引号、双引号或方括号　　B. 单引号

C. 单引号或双引号　　D. 单引号、双引号、方括号或圆点

9. 执行如下程序,如果输入 N 的值为 5,则最后 S 的显示值是______。

```
S=0
I=1
INPUT "N =?" TO N
DO WHILE S<=N
    S=S+1
    I=I+1
ENDDO
? S
```

A. 1　　B. 3　　C. 5　　D. 6

10. 在各选项中，与下面 IF 语句等效的是______。

```
INPUT " X =?" TO X
IF X>0
  Y=1
ELSE
  IF X=0
    Y=0
  ELSE
    Y= -1
  ENDIF
ENDIF
? IIF(X>0,0,IIF(X>0,1,-1))
```

A. 1～100 中奇数的和　　B. 1～100 中偶数的和

C. 1～100 中所有数的和　　D. 无意义

二、填空题

1. 以下程序用来显示 CJ 表中英语及格的所有记录，在程序的______填空。

```
USE CJ
DO WHILE .NOT. EOF( )
    IF 英语>=60
        DISPLAY
    ENDIF
    __________
ENDDO
USE
```

2. 执行以下程序，屏幕上显示的是______。

```
STORE 2 TO X,Y
DO WHILE .T.
```

```
    Y=Y+3
    DO CASE
        CASE INT(Y/5) * 5=Y
            LOOP
        CASE Y>10
            EXIT
        OTHERWISE
            X=X+Y
    ENDCASE
    ? " X= "+STR(X,2)," Y = "+STR(Y,2)
ENDDO
```

3. 下列程序是求出100以内能被3整除但不能被7整除的数据之和，请在_____处填空。

```
STORE 0 TO S,N
DO WHILE N<=100
__________
        S=S+N
ENDIF
__________
ENDDO
? " S= "+STR(S)
```

4. 执行以下程序，屏幕上显示的是______。

```
STORE 0 TO Y1,Y2
X=10
DO WHILE X>1
    IF SQRT(X)=3 OR INT(X/2)=X/2
        Y1=Y1+X
    ELSE
        Y2=Y2+X
    ENDIF
    X=X-1
ENDDO
? " Y1 ="+STR(Y1,3)," Y2 ="+STR(Y2,3)
```

5. 以下程序是计算______的，执行程序后，屏幕上显示的结果是______。

```
STORE 0 TO X,Y
DO WHILE .T.
    X=X+1
```

```
    Y=Y+X
    IF X>=100
      EXIT
    ENDIF
ENDDO
? " 1～100 的自然数之和 "+STR(Y,4)
```

6. 以下程序计算 S=1+2+3+…+100,请在程序的______处填空。

```
I=1
__________
DO WHILE I<=100
    S=S+I
    __________
ENDDO
? "S= ",S
```

7. 以下程序逐条显示"学生"数据表中 1990 年出生的学生记录,请在程序的______处填空,已知数据表有名为"出生日期"的日期型字段。

```
USE 学生
LOCATE FOR __________
DO WHILE __________
    DISP
    WAIT
    __________
ENDDO
USE
```

8. 以下程序功能是从键盘输入两个正整数,求出其最大公约数并输出,请在程序的______填空。

```
INPUT "X=" TO X
INPUT "Y=" TO Y
IF X<Y
    T=X
    X=Y
    Y=T
ENDIF
T=X%Y
```

```
DO WHILE ________
    X=Y
    Y=T
    ________
ENDDO
"Y=",Y
```

9. 以下程序执行后,变量 X 的结果是______。

```
FOR I=1 TO 2
X=X+1
FOR J=1 TO 4
    IF J%2#0
    LOOP
    ELSE
    X=X+1
    ENDIF
    ENDFOR
X=X+1
ENDFOR
? X
```

10. 以下程序执行后的结果是______。

```
STORE 0 TO X,Y,S1,S2,S3
DO WHILE X<10
    X=X+1
    DO CASE
        CASE INT(X/2)=X/2
            S1=S1+X/2
        CASE MOD(X,3)=0
            S2=S2+X/3
        CASE X%2#0
            S3=S3+1
    ENDCASE
ENDDO
? S1,S2,S3
```

11. 以下程序计算 1～100 之间的所有奇数的平方和并显示出来,请在程序的______处填空。

```
S=0
X=1
DO WHILE X<=100
    ________
    ________
ENDDO
? S
```

12. 以下程序执行后的结果是______。

```
X=1
FOR I=1 TO 50
    IF X>=10
        EXIT
    ENDIF
    IF X%2=1
        X=X + 5
        LOOP
    ENDIF
    X=X-3
ENDFOR
? X
```

13. 以下程序在"XS"数据表中按姓名查找某条记录,请在程序的______处填空。

```
USE XS
ACCEPT " 请输入学生姓名:" TO NAME
LOCATE ALL FOR ________
IF ________
    DISPLAY
ELSE
    ?"查无此人?"
________
```

8.4 教材习题答案

一、选择题

1. C　2. C　3. C　4. D　5. A　6. D　7. B　8. D

二、程序阅读题

1. 45
2. 200　100
3. 7
4. A1
5. 5　7
6. S＝55
7. T＝120
8. 成绩平均分
9. EDCBA
10. 9 7 5 3 1
11. 25
12. 2　4

三、程序填空题

1. Y＝X＋Y
2. EXIT　SUM\I
3. MAX＜X、MIN＞X
4. EXIT　？YN
5. IF INT(RECNO(　)/2)＝(RECNO(　)/2)

```
      SKIP
ENDIF
SKIP
```

6. ！EOF(　)　编号＝BH　PACK
7. 性别＝“女”　性别＝“女”
8. RETURN T
9. AREA　AREA(L,W,S1)
10. ！EOF(　)　REPLACE 等级 WITH“优秀”　REPLACE 等级 WITH“良好”　REPLACE 等级 WITH“及格”　REPLACE 等级 WITH“不及格”　SKIP

四、程序设计题

1. INPUT“a＝:”TO a

```
INPUT “b＝:” TO b
INPUT “c＝:” TO c
```

```
TEMP=b*b - 4*a*c
X1=(-b+SQRT(TEMP))/(2*a)
X2=(-b-SQRT(TEMP))/(2*a)
? X1,X2
```

2.
```
INPUT"请输入X的值:X=" TO X
IF X>0
   Y=2*X*X+5
ELSE
   IF X=0
      Y=0
   ELSE
      Y=10*X-5
   ENDIF
ENDIF
?" Y= ",Y
RETURN
```

3.
```
CLEAR
ACCEPT"请输入X的值:X= " TO X
IF ASC(X)>48  AND  ASC(X)<57
  ?"数字符号"
    ELSE
  IF(ASC(X)>65  AND  ASC(X)<90)OR((ASC(X)>97  AND  ASC(X)<122)
    ?"英语字母"
    ELSE
    ?"特殊符号"
    ENDIF
  ENDIF
  RETURN
```

4.
```
CLEAR
STORE  1  TO  E,W,I
DO WHILE W>0.000001
   T=1
```

```
    FOR  J=1  TO I
      T=T*J
    ENDFOR
      I=I+1
      W=1/T
      E=E+W
ENDDO
?"1+1/1! +1/2! +…+1/N! =",E
RETURN
```

5. CLEAR

```
DIMENSION A(20)
A(1)=1
A(2)=1
? A(1)
? A(2)
FOR I=3 TO 20
  A(I)=A(I-1)+A(I-2)
  ? A(I)
ENDFOR
RETURN
```

6. CLEAR

```
INPUT "请输入三角形第一条边为:" TO a
INPUT "请输入三角形第二条边为:" TO b
INPUT "请输入三角形第三条边为:" TO c
IF  a+b>c  And  a+c>b  And  b+c>a
  p=(a+b+c)/2
  s=SQRT(p*(p-a)*(p-b)*(p-c))
ELSE
  MESSAGEBOX("不是三角形!")
  RETURN
ENDIF
?"三角形面积为",s
RETURN
```

8.5 实验题

1. 编程计算 X=2+4+6+8+…+100 的值。

2. 编程计算从键盘上输入 10 个数,然后找出其中的最大值和最小值。

3. 编程计算 1! +3! +5! +7! +9! 的值。

4. 有一数列,前两个数是 0 和 1,从第 3 个数开始,每个数都是其两个数之和,编程输出此数列的前 20 个数。

0,1,1,2,3,5,8,13 …

8.6 实验题答案

1. (1)方法一:

```
I =2
X=0
DO WHILE I<=100
    X=X+I
    I = I +2
ENDDO
?" X="+STR(X)
```

(2) 方法二:

```
I =1
X=0
DO WHILE I<=100
   I = I +1
   IF INT(I/2)=I/2
      X=X+I
   ENDIF
ENDDO
?" X= "+STR(X)
```

(3) 方法三:

```
I =1
X=0
DO WHILE I<=50
    X=X+(2*I)
    I =I +1
ENDDO
?" X= "+STR(X)
```

2. INPUT “请输入一个数：” TO a

```
STORE  a  TO  max,min
FOR  I =2 TO 10
     INPUT “请输入一个数：” TO a
     IF max < a
       max = a
     ENDIF
     IF min > a
       min = a
     ENDIF
ENDFOR
? “最大值：”+STR(max)
? “最小值：”+STR(min)
```

3. N=1

```
S=0
S1=1
DO WHILE N<=9
    S=S+S1
    N=N+2
    S1=S1 * (N - 1) * N
ENDDO
? “SUM=”,S
```

4. 0,1,1,2,3,5,8,13 …

```
FF1=1
FF2=1
I =3
? FF1,FF2
DO WHILE I <=20
    F=FF1+FF2
    ?? F
    FF1=FF2
    FF2=F
    I =I + 1
ENDDO
```

附：习题答案

一、选择题

1. C　2. A　3. B　4. B　5. D　6. D　7. D　8. A　9. D　10. D

二、填空题

1. SKIP
2. X=10　Y=8
3. IF N/3=INT(N/3)AND N/7<>INT(N/7)　N=N+1
4. Y1=39　Y2=15
5. 1～100 的自然数之和　5050
6. S=0　I=I+1
7. YEAR(出生日期)=1990　NOT EOF(　)　CONTINUE
8. T<>0　T=X%Y
9. 8
10. 15.0000　4.0000　3
11. S=S+X*X　X=X+2
12. 10
13. 姓名=NAME　FOUND(　)或 NOT EOF(　)　ENDIF

第 9 章　表单设计及其应用

9.1　学习指导

9.1.1　基本概念

1. 对象

对象是指客观世界里的任何实体，它是面向对象的程序设计的基本单元，对象可以是具体的事物，也可以是指某些概念。

(1) 对象的属性

属性用来表示对象的状态，是对象的数据，其属性值既可以在设计时在“属性”窗口设置，又可以在运行时在程序代码中实现。

(2) 对象的方法

对象的方法描述对象的行为，是对当前对象接受了某个消息后所采取的一系列操作的描述。方法的代码是不可见的，可以通过调用来使用对象的方法。

(3) 对象的事件

对象的事件是每个可以识别和响应的某些操作行为，可以由系统或用户引发。

Visual FoxPro 编程的核心就是为每个要处理的事件编写响应事件的程序代码。

事件集是固定的，用户不能定义新的事件。

(4) 对象的引用

对象是通过对象名来引用，对象名是由对象的 NAME 属性指定，对象的引用有绝对引用和相对引用两种方式。

① 绝对引用：是从包含该对象的最外面的容器名开始，一层一层地进行。

② 相对引用：是从当前位置开始。相对引用中的关键字及意义如下。

Parent：当前对象的直接容器对象。

This：当前操作的对象。

ThisForm：当前对象所在的表单。

ThisFormSet：当前对象所在的表单集。

2. 类

(1) 类的概念

类是对象外观和行为的模板，它是对一类相似对象的性质描述。

基于某个类生成的对象称为这个类的实例。

(2) 基类

基类是系统提供的现成的类，用户不能修改基类，但基于类生成所需要的对象，也可以扩展基类来创建自己的类。

3. 子类与继承

子类是在已有类的基础之上进行修改而形成的类。

继承是指基于现有的类创建的新类，新类称为现有类的子类，而现有类则称为新类的父类。

子类继承了父类的方法和属性，这样新类的成员中包含了从其父类继承的成员如属性和方法，也包括了子类自己定义的成员。

4. 容器和控件

Visual FoxPro 中的类有控件类和容器类两种，它们分别生成容器对象和控件对象。

(1) 控件

控件是一个可以以图形化方式显示并能与用户进行交互的对象，如文本框、命令按钮、复选框、页框等。

(2) 容器是可以包含其他控件或容器的特殊控件，如表单、页框、表格等。

5. 常用控件

(1) 标签控件(Label)

标签是用来显示文本的图形控件，被显示的文本称为标题文本。

标题文本最多包含字符数为 256 个。

可以指定 Tab 键次序，但标签不能获得焦点，而是把焦点传递给 Tab 键次序中紧跟其后的下一个控件。

(2) 文本框控件(TextBox)

文本框用来在内存变量、数组元素及非备注型字段中输入或编辑数据。

文本框可以使用剪贴板的操作，在文本框内可以编辑任何类型的数据。

(3) 编辑框控件(EditBox)

编辑框用来输入及编辑数据。编辑框是一个完整的字处理器，可以有自己的垂直滚动条。编辑框只能输入及编辑字符型数据，包括字符型内存变量、数组元素、字段及备注字段的内容。

(4) 命令按钮控件(CommandButton)

命令按钮控件用来启动某个事件代码，完成特定功能。

(5) 命令按钮组控件(CommandGroup)

命令组是包含一组命令按钮的容器控件，可以单个或作为一组来操作其中的按钮。

(6) 选项按钮组控件(OptionGroup)

选项组是包含选项按钮的容器，一个选项组中包含多个选项按钮，但只能从中选择一个按钮。

选项组特点：被选中项前面显示一个圆点。选中一项时，其他选项按钮为未选中状态。

(7) 复选框控件(CheckBox)

有时希望在应用程序的用户界面上提供一些项目，让用户从几种方案中选择其中一种或多种，Visual FoxPro 提供一种称为“复选框”的控件，它有两种状态可以选择：

① 选中，复选框中出现一个“√”标志。

② 不选，或称“关闭”，“√”标志不显示，如同开关一样。

每单击一次，它的状态在“打开”与“关闭”之间切换。“√”标志也在有和无之间切换。

(8) 组合框控件(ComboBox)

组合框与列表框相似，用于提供一组条目供用户从中选择。

(9) 页框控件(PageFrame)

页框是包含页面(Page)的容器控件。页面的容器，其中可以包含所需的控件、页框、页面和相应的控件构成选项卡。在默认情况下包含两个页面。

(10) 表格控件(Grid)

表格(Grid)控件类似浏览窗口。它具有网格结构，有垂直滚动条和水平滚动条，可以同时操作和显示多行数据。但表格不等于浏览窗口。作为一个控件，表格用于在电子表格样式的表格中显示数据。

① 表格控件特点：

- 一个表格对象由若干个列对象(Column)组成。
- 每个列对象包含一个标头对象(Header)和若干个控件。
- 表、列、标头和控件都有自己的属性、事件和方法。

② 表格生成器：

表格生成器用来交互式设置表格的有关属性，设计所需的表格。

表格生成器对话框中有 4 个选项卡。

- 表格项：指定要在表格内显示的字段。
- 样式：指定表格的样式。
- 布局：指明各列的标题和控件类型，调整各列列宽。
- 关系：设置一个一对多关系，指明父表中关键字段与子表中的相关索引。

9.1.2 基本操作

1. 创建表单

(1) 使用表单向导；

(2) 使用表单设计器；

(3) 调用表单生成器。

2. 管理表单

(1) 保存表单；

(2) 修改已有的表单。

3. 表单的常用属性、事件和方法

(1) 表单的常用属性

AlwaysOnTop 属性：是否总是位于其他窗口之上(默认值为.F.)。

AutoCenter 属性：初始化时，是否自动在主窗口内居中显示(默认值为.F.)。

BackColor 属性：指明表单窗口的颜色(默认值为 255,255,255)。

BorderStyle 属性：边框的风格(默认值为 3)。

Caption 属性:指定标题栏上的文本(默认值为 Form1)。

Closable 属性:是否可以通过单击“关闭”按钮或双击“关闭”框关闭表单(默认值为.T.)。

ControlBox 属性:控制按钮(默认值为.T.)。

MaxButton 属性:是否有最大化按钮(默认值为.T.)

MinButton 属性:是否有最小化按钮(默认值为.T.)

WindowState 属性:指定表单的状态。0:正常,1:最小化,2:最大化(默认值为 0)。

(2) 表单的常用事件

Load 事件:当表单被装入内存时发生。

Init 事件:当表单建立时发生。

Activate 事件:当表单被激活时发生。

上述事件被激发的顺序为:Load、Init、Activate。

Destroy 事件:当表单被释放时发生。

Unload 事件:当表单对象释放时发生。

上述事件被激发的顺便为:Destroy、Unload。

Resize 事件:当用户或程序改变表单的大小时发生。

(3) 表单的常用方法

Hide 方法:隐藏表单。

Show:显示表单。

Release:释放表单。

Refresh:刷新表单。

4. 控件的操作

选定控件:单击控件。

移动控件:拖动控件到指定位置。

调整控件大小:选行控件后,拖动四周的句柄。

复制控件:通过剪贴板的“复制”和“粘贴”命令。

删除控件:选定控件后按 Del 键。

布局控件:使用“格式”菜单或“布局”工具栏的按钮,可以对齐控件和调整控件的大小。

设置 Tab 键次序:控件的 Tab 键次序决定了控件的次序。

5. 数据环境

(1) 数据环境的打开;

(2) 数据环境中常用的操作。

向数据环境中添加表和视图:执行“数据环境”菜单的“添加”命令。

从数据环境中移动表和视图:执行“数据环境”菜单的“移去”命令。

在数据环境中设置关系:将主表的某个字段拖到子表相应字段。

在数据环境中编辑关系:单击表示关系的连线选定关系,然后,在“属性”窗口中选择关系属性并设置。

(3) 向表单添加字段。

Visual FoxPro 允许用户从“数据环境设计器”窗口或“数据库设计器”窗口中直接将字段、视图拖入表单,系统将产生相应的控件并与字段相联系。

在默认情况下，拖动不同类型的字段将产生不同的控件。

拖动字符型控件：产生文本框。

拖动备注型控件：产生编辑框。

拖动表或视图：产生表格控件。

9.1.3 相关命令

创建新表单：CREATE FORM [<表单文件名>|?]。

打开或修改表单：MODIFY FORM [<表单文件名>|?]。

运行表单：DO FORM <表单文件名>。

9.2 例题解析

一、选择题

【例 9-1】 数据环境泛指定义表单或表单集时使用的______，包括表、视图和关系。

A. 数据　　B. 数据库　　C. 数据源　　D. 数据项

【答案】 C

【解析】 在 Visual FoxPro 中，数据环境是一个对象，泛指定义表单或表单集时使用的数据源，包括表、视图和关系。

【例 9-2】 Init 事件由______时引发。

A. 对象从内存中释放　　B. 事件代码出现错误

C. 方法代码出现错误　　D. 对象生成

【答案】 D

【解析】 选项 A 错误，因为 Destroy 事件是由从内存中释放对象时引发。选项 B 和 C 错误，因为 Error 是由事件或方式代码出错时引发。Init 事件在对象生成时引发，因此答案为 D。

【例 9-3】 如果一个控件的______属性值为.F.，将不能获得焦点。

A. Enabled 和 ControlSource　　B. Enabled 和 Click

C. ControlSource 和 Click　　D. Enabled 或 Visible

【答案】 D

【解析】 在 Visual FoxPro 中，对象被选定，它就获得了焦点，焦点的标志可以是文本框内的光标、命令按钮的虚线框等。焦点可以通过单击对象获得，可以按 Tab 键切换对象获得焦点，也可用代码方式为控件设置焦点。

【例 9-4】 关于容器，以下叙述中错误的是______。

A. 容器可以包含其他控件

B. 不同的容器所能包含的对象类型都是相同的

C. 容器可以包含其他容器

D. 不同容器所能包含的对象类型是不相同的

【答案】 B

【解析】 容器是可以包含其他控件或容器的特殊控件，如表单及表格等。不同的容器所能包含的对象是不同的，如命令按钮组中可以包含命令按钮控件，而表单容器可以包含的是任意控件及页框、命令按钮组、Container 对象、选项按钮组和表格。

【例 9-5】 PasswordChar 属性仅适用于______。

A. 文本框　　B. 组合框　　C. 列表框　　D. 复选框

【答案】 A

【解析】 PasswordChar 属性用于指定用户输入的字符或占位符是否显示在文本框中，并确定用作占位符的字符。

二、填空题

【例 9-6】 在 Visual FoxPro 中，对象的引用方式有______和______。

【答案】 绝对引用、相对引用

【解析】 对象通过对象名来引用，对象的引用方式有绝对引用和相对引用.绝对引用是从包含该对象的最外面的容器对象名开始，一层一层地进行；相对引用是从当前位置开始通过使用关键字来引用。

【例 9-7】 Visual FoxPro 的类有______和______。

【答案】 容器类、控件类

【解析】 Visual FoxPro 的类有容器类和控件类两种，它们分别生成容器对象和控件对象。

【例 9-8】 设计表单时，从“数据环境设计器”窗口直接将字符型字段拖入表单则产生______控件。

【答案】 文本框

【解析】 从“数据环境设计器”窗口等将字段、表或视图拖入表单，系统将产生不同的控件，拖动字符型字段产生文本框控件，拖动备注型字段产生编辑控件，拖动表或视图产生表格控件。

三、操作题

【例 9-9】 通过表单界面浏览 Student 表。

【操作步骤】

1. 设计界面

① 新建空白表单，可通过“文件”菜单下的“新建”，新建一个空白表单，也可在命令窗口

输入下列命令：

```
CREATE FORM EDXS
```

系统将自动创建一个空白表单。

② 在表单中加入“数据环境”。表单中加入“数据环境”是为了在表单中操作表及其字段。单击空白表单→显示快捷菜单，如图 9-1 所示。选择“数据环境”命令。

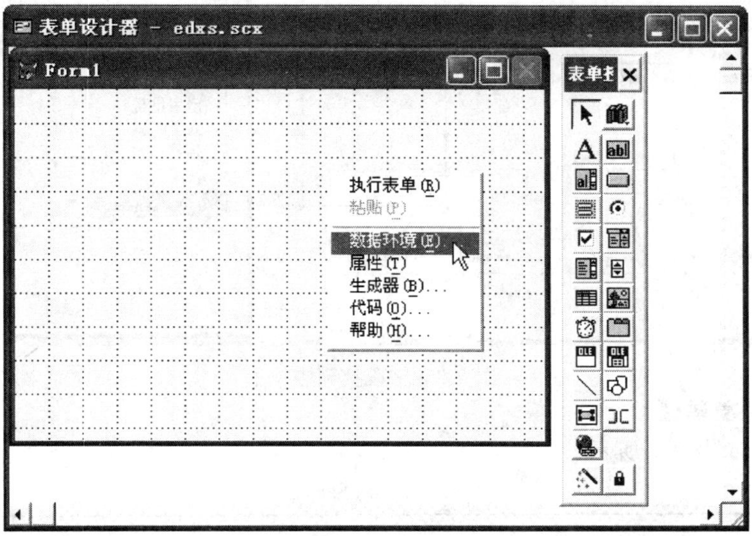

图 9-1 表单加入“数据环境”

③ 系统打开“数据环境设计器”的同时列出当前工作目录下可供选择是表文件，本例选择 student . dbf，单击“确定”按钮，如图 9-2 所示。

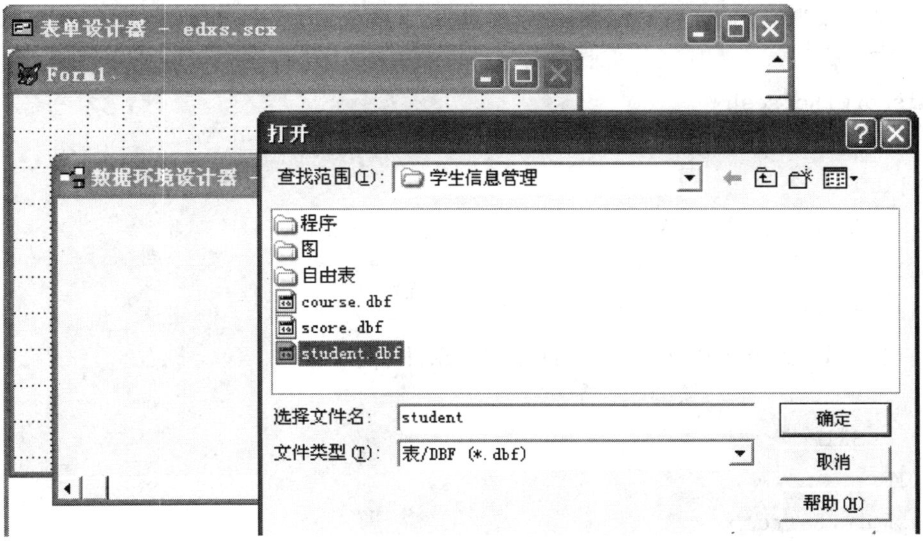

图 9-2 选择的表文件

④ 分别将 Student 表中的字段拉到表单上，如图 9-3 所示。再在“表单”的下部加入 5

个命令按钮 Command1～Command5。

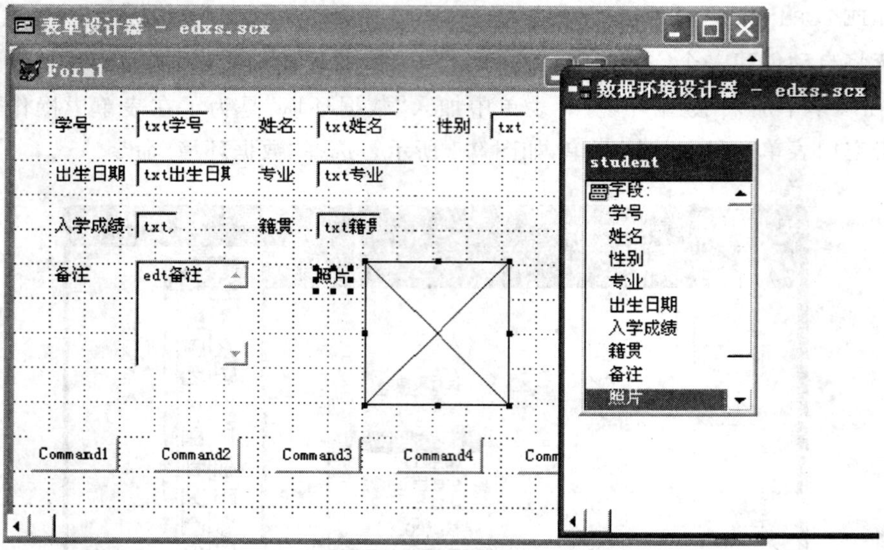

图 9-3　字段拉到表单上

2. 设置对象属性

对象属性如表 9-1 所示。

表 9-1　对象属性

对　象　名	属　性　名	属　性　值	对　象　名	属　性　名	属　性　值
Form1	Caption	查看学生表	Command3	Caption	下一个
Command1	Caption	第一个	Command4	Caption	最后一个
Command2	Caption	上一个	Command5	Caption	记录扫描

3. 编写代码

• “第一个”命令按钮(Command1)的 Click 事件代码：

```
GO TOP
ThisForm.Refresh
```

• “上一个”命令按钮(Command2)的 Click 事件代码：

```
IF ! BOF(  )
    SKIP -1
ENDIF
ThisForm.Refresh
```

• “下一个”命令按钮(Command3)的 Click 事件代码：

```
IF ! EOF(  )
    SKIP
ENDIF
ThisForm.Refresh
```

• “最后一个”命令按钮(Command4)的 Click 事件代码：

```
GO BOTTOM
ThisForm.Refresh
```

- “记录扫描”命令按钮(Command5)的 Click 事件代码：

```
SET EXACT OFF
js = 0
LOCA FOR 学号 ="01"
SCAN FOR 学号 ="01"
    ThisForm.Refresh
    Wait "" Timeout 1          && 等待 1 秒
    js = js + 1
ENDSCAN
MessageBox("学号 01 打头共" + STR(js) + "人")
```

4. 运行表单

运行表单后的界面如图 9-4 所示。

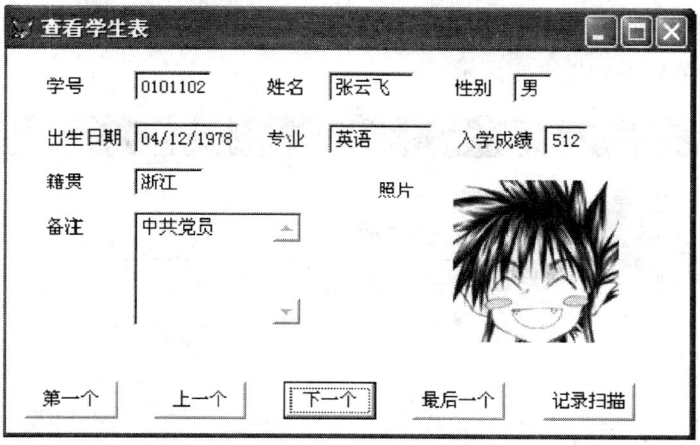

图 9-4　运行表单界面

【**例 9-10**】　设计表单，要求通过输入学号和课程号，查找相关学生的姓名、课程名和成绩。

【操作步骤】

1. 建好学生信息管理数据库，作为查找的数据源，如图 9-5 所示。

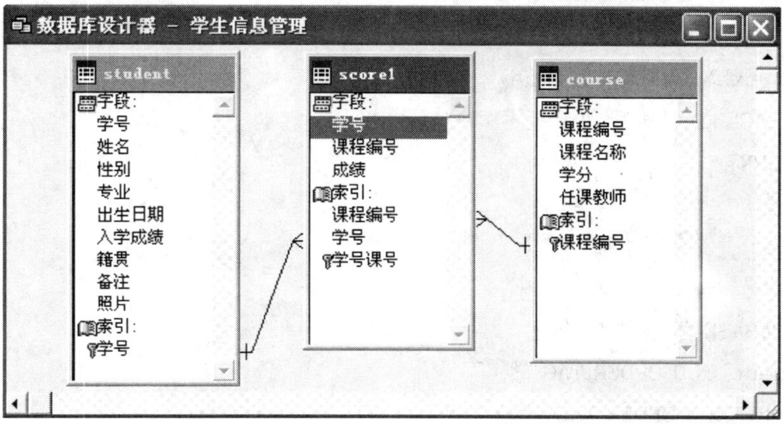

图 9-5　表单所需的数据库

2. 设计表单

新建一个空白表单 CZCJ，在表单上放置表单控件对象（5 个标签、5 个文本框、1 个命令按钮），并设置各个控件对象的属性，对象属性设置如表 9-2 所示。

表 9-2　设置对象属性

对象名	属性名	属性值	对象名	属性名	属性值
Form1	Caption	查找成绩表	Text3	Name	TextXM
Label1	Caption	学　号：		ReadOnly	.T.
Label2	Caption	课程号：	Text4	Name	TextKCM
Label3	Caption	姓　名：		ReadOnly	.T.
Label4	Caption	课程名：	Text5	Name	TextCJ
Label5	Caption	成　绩：		ReadOnly	.T.
Text1	Name	TextXH		Value	0
Text2	Name	TextKCH	Command1	Caption	查找

设计后的表单界面如图 9-6 所示。

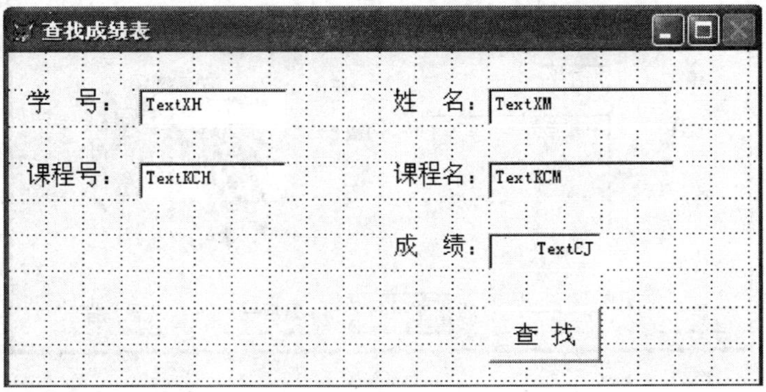

图 9-6　“查找成绩表”表单的界面

3. 编写事件代码

“查找”命令按钮（Command1）的 Click 事件代码：

```
txh = TRIM(ThisForm.TextXH.Value)
tkch = TRIM(ThisForm.TextKCH.Value)
IF EMPTY(txh).OR.EMPTY(tkch)
    MESSAGEBOX("学号和课程号不能为空!")
    RETURN
ENDIF
CLOSE ALL

OPEN DATABASE 学生信息管理
USE student IN 0 ORDER TAG 学号
USE score1 IN 0 ORDER TAG 学号课号
USE course IN 0 ORDER TAG 课程编号
```

```
Select score1
SEEK txh + tkch
IF  ! EOF(  )
    ThisForm.TextCJ.Value = 成绩
    ThisForm.Refresh
  Select student
  SEEK txh
  IF  ! EOF(  )
    ThisForm.Textxm.Value = 姓名
    ThisForm.Refresh
      Select course
      SEEK tkch
      IF  ! EOF(  )
        ThisForm.Textkcm.Value = 课程名称
        ThisForm.Refresh
      ELSE
        MessageBox("无此课程名称")
      ENDIF
  ELSE
      Messagebox("无此学生姓名")
  ENDIF
ELSE
      Messagebox ("成绩表中没有此记录!")
ENDIF
USE
RETURN
```

4. 运行表单,输入学号及课程号,单击"查找"按钮,如图 9-7 所示。

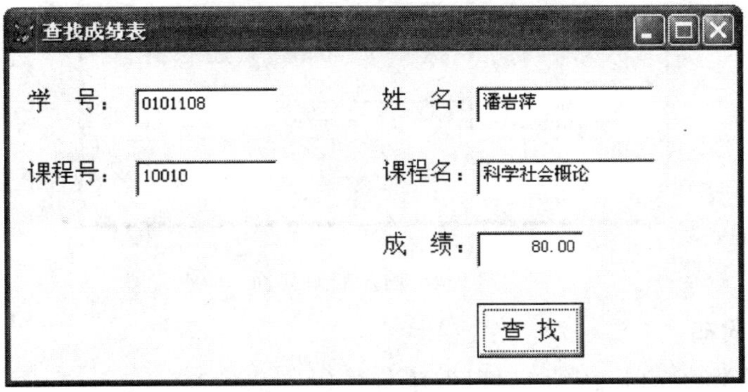

图 9-7 运行"查找成绩表"表单界面

【例 9-11】 设计登录表单,如果输入的学号与密码正确,调用【例 9-10】的表单。

【操作步骤】

1. 数据库设计

将学生信息管理数据库的 Student 表增加一个字段“密码”，用于存放学生的登录密码，如图 9-8 所示。

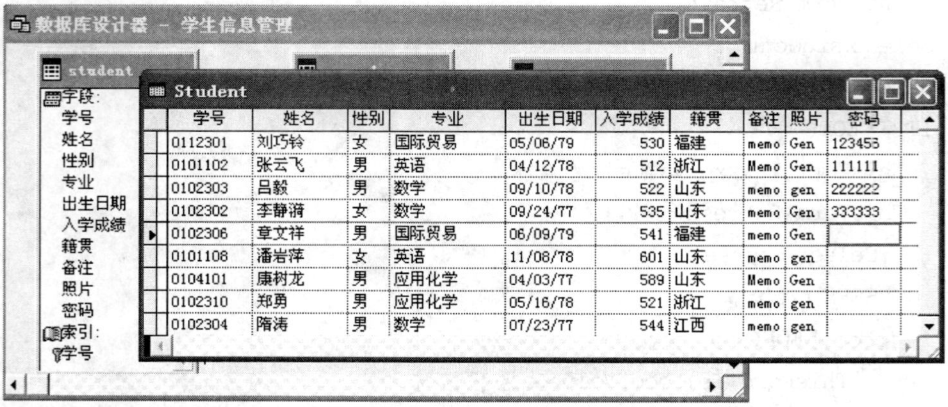

图 9-8 为 Student 表增加“密码”字段

2. 设计表单

新建一个空白表单 Login，在表单上放置表单控件对象(2 个标签、2 个文本框、2 个命令按钮)，并设置各个控件对象的属性，对象属性设置如表 9-3 所示。

表 9-3 设置对象属性

对象名	属性名	属性值	对象名	属性名	属性值
Form1	Caption	用户登录	Command1	Caption	确定
Label1	Caption	学　号：	Command2	Caption	退出
Label2	Caption	密　码：	Text2	PasswordChar	*

设计后的表单界面如图 9-9 所示。

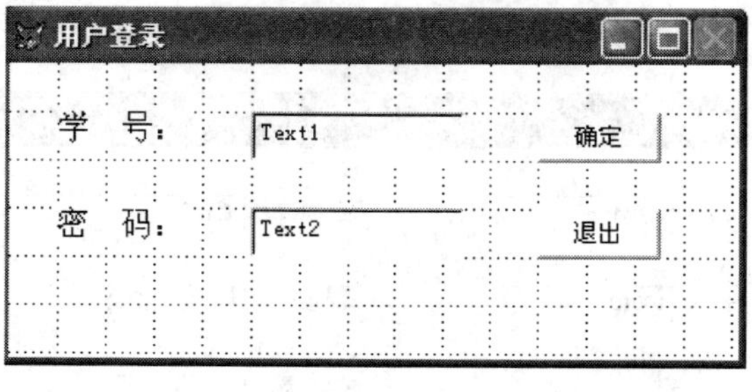

图 9-9 用户登录界面

3. 编写事件代码

- “确定”(Command1)按钮的 Click 事件代码

```
txh = ThisForm.Text1.Value
IF EMPTY(txh)
    RETURN
```

```
ENDIF
USE Student ORDER TAG 学号
SEEK txh
IF EOF( )
    Messagebox("无此学号!")
ELSE
    IF TRIM(ThisForm.Text2.Value) = TRIM(Student.密码)
      USE
      yes = .T.
      ThisForm.Release
      DO FORM czcj
    ELSE
      Messagebox("密码不正确!")
    ENDIF
ENDIF
USE
RETURN
```

• "退出"(Command2)按钮的 Click 事件代码

```
ThisForm.Release
```

4. 运行表单,输入学号及密码,单击"确定"按钮,如图 9-10 所示。

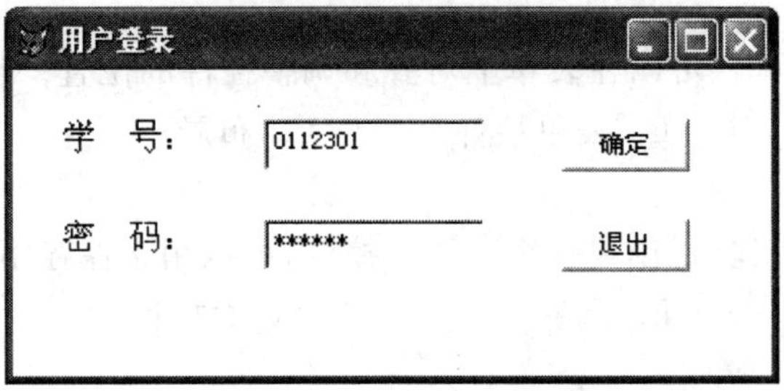

图 9-10 运行"用户登录"表单

9.3 习 题

一、选择题

1. 要定义标签控件的标题,应定义标签的______属性。
   A. FontSize　　B. Caption　　C. Height　　D. AutoSize

2. 以下属于非容器类控件的是______。
   A. 表单　　B. 页面　　C. 标签　　D. 页框

3. 设计表单时,可以用______工具栏向表单中添加控件。
A. 表单控件　　B. 表单设计器　　C. 布局　　D. 调色板

4. 在表单运行中,如果复选框变为不可用,则其 Value 属性值是______。
A. 0　　B. 2 或 Null　　C. 0　　D. 不确定

5. 在表单控件中,既可作为接受输入数据,又可作为编辑现有数据的控件是______。
A. 文本框　　B. 列表框　　C. 复选框　　D. 标签

6. 下列对象中,属于容器类的是______。
A. 文本框　　B. 表格　　C. 组合框　　D. 命令按钮

7. 表单中的 Init 是指______时触发的基本事件。
A. 当创建表单　　B. 当从内存中释放对象
C. 当表单装入内存　　D. 当用户双击对象

8. 创建类时首先要定义类的______。
A. 事件　　B. 名称　　C. 属性　　D. 方法

9. 表单控件工具栏用于在表单上创建______。
A. 文本　　B. 命令　　C. 控件　　D. 复选框

10. 使用______工具栏可以在表单上对齐和调整控件的位置。
A. 调色板　　B. 表单控件　　C. 布局　　D. 表单设计器

11. 利用表单控件工具栏创建一个______控件,可以用来保存不希望用户改动的文本。
A. 命令组　　B. 标签　　C. 文本框　　D. 复选框

12. 在表单控件工具栏中要保存多行文本,可以创建______控件。
A. 文本框　　B. 编辑框　　C. 组合框　　D. 列表框

13. 当用户按下并松开鼠标左键或在程序中包含了一个触发该事件的代码时,将产生______事件。
A. Load　　B. Active　　C. Click　　D. Error

14. 要运行一个设计好的表单,可以在命令窗口使用______命令。
A. RREATE FORM　　B. LIST FORM
C. DO FORM　　D. OPEN FORM

15. 在表单控件工具栏中使用______控件来执行命令。

A. 文本框　　B. 组合框　　C. 页框　　D. 命令按钮

16. 表单有自己的属性、方法和______。

A. 图表　　B. 容器　　C. 形状　　D. 事件

17. 如果想使一个选项组中包括 4 个按钮，则可将______属性值设置为 4。

A. Value　　B. ButtonCount

C. ControlSource　　D. Buttons

18. 组合框和列表框的主要区别是______。

A. 组合框只有一个条目是可见的　　B. 组合框不提供多重选项的功能

C. 组合框没有 MultiSekect 属性　　D. 以上三项均可以

19. 在表单控件中，可包括多个选项卡的控件是______。

A. 文本框　　B. 编辑框　　C. 组合框　　D. 页框

20. 为表单设置数据环境，可通过______菜单调出“数据环境”设计器。

A. 显示　　B. 文件　　C. 编辑　　D. 工具

二、填空题

1. 标签控件的标题文本行最多可包含的字符数目有______个。
2. 控件的标题属性名为______。
3. 表单中可以输入多行文本的控件为______。
4. 在 Visual FoxPro 中，表单是一个______，它可以容纳 Visual FoxPro 的对象。
5. 表单的扩展名是______，与表单同时产生的表单备注文件扩展名是______。
6. 在命令窗口输入______命令可打开表单设计器。
7. 在表单中添加控件后，除了通过属性窗口为其设置各种属性外，也可以通过相应的______为其设置常用属性。
8. 选项按钮组属于______类，它的______属性表明该选项组中含有选项的数目。
9. 建立表单有 3 种方法，它们是______、______、______。
10. 由表单向导创建的表单，主要是依靠______而定。
11. 计时器控件的 Enabled 属性是用于控制计时器______和______。
12. 表单的设计是基于______编程的思想。
13. 单选按钮控件主要属性是______和______。
14. 组合框控件是由一个______和______组成。
15. ButtonCount 属性是用来定义命令按钮组控件的______个数。

9.4 教材习题答案

一、选择题

1. B　2. C　3. A　4. A　5. B　6. C　7. C　8. B　9. A　10. A

11. B　12. B　13. B　14. D　15. D　16. C　17. A　18. B　19. D　20. A

二、填空题

1. 容器类　控件类
2. 方法　事件
3. 相对引用
4. 方法
5. 属性　程序
6. NAME
7. SHOW　HIDE　RELEASE
8. 对象创建　激活表单集对象　建立表单对象之前　对象从内存中释放
9. 编辑框
10. 编辑框
11. ButtonCount
12. ControlSource
13. MultiSelect
14. RowSource　Value
15. Style
16. Picture
17. PageCount
18. SKIP －1　SKIP　THIS. VALUE＝3　ThisForm. RELEASE
19. Timer
20. 99

三、表单设计操作题

1. 操作步骤：

① 新建一个表单，依图所示在表单上放置表单控件对象（3 个标签、2 个微调控件、1 个文本框、1 个选项按钮组、2 个命令按钮），并设置各个控件对象的属性，对象属性设置如下：

对　象　名	属　性　名	属　性　值
Form1	Caption	简易计算器
Label1	Caption	第一个数：
Label2	Caption	第二个数：
Label3	Caption	计算结果：
Command1	Caption	计算
Command2	Caption	退出
OptionGroup1	Value	1(默认选项为第一个)
	ButtonCount	4
Option1	Caption	加
Option2	Caption	减
Option3	Caption	乘
Option4	Caption	除

② 编写代码：

• “计算”命令按钮(Command1)的 Click 事件代码：

```
DO CASE
   CASE ThisForm.Optiongroup1.Value = 1
      ThisForm.Text1.Value = ThisForm.Spinner1.Value + ThisForm.Spinner2.Value
   CASE ThisForm.Optiongroup1.Value = 2
      ThisForm.Text1.Value = ThisForm.Spinner1.Value - ThisForm.Spinner2.Value
   CASE ThisForm.Optiongroup1.Value = 3
      ThisForm.Text1.Value = ThisForm.Spinner1.Value * ThisForm.Spinner2.Value
   CASE ThisForm.Optiongroup1.Value = 4
      ThisForm.Text1.Value = ThisForm.Spinner1.Value/ThisForm.Spinner2.Value
ENDCASE
ThisForm.Refresh
```

• “退出”命令按钮(Command2)的 Click 事件代码：

```
ThisForm.Release
```

③ 运行表单。

2. 操作步骤：

① 新建一个表单，右击鼠标，在快捷菜单中选择在“数据环境”，在“数据环境”中添加 Student 表文件，依图拖曳相关字段到表单界面。

② 在表单上放置表单控件对象(1 个标签、1 个命令按钮组)，并设置各个控件对象的属性，对象属性设置如下：

对　象　名	属　性　名	属　性　值
Form1	Caption	学生信息
Label1	Caption	学生基本信息
Commandgroup1	ButtonCount	6

续 表

对 象 名	属 性 名	属 性 值
Command1	Caption	第一页
Command2	Caption	下一页
Command3	Caption	上一页
Command4	Caption	最后一页
Command5	Caption	添加
Command6	Caption	删除

③ 编写代码：

命令按钮组(Commandgroup1)的 Click 事件代码：

```
DO CASE
    CASE This.Value = 1
      GO TOP
    CASE This.Value = 2
      IF! EOF(  )
          SKIP
      ENDIF
    CASE This.Value = 3
      IF! BOF(  )
          SKIP -1
      ENDIF
    CASE This.Value = 4
      GO BOTTOM
    CASE This.Value = 5
      APPEND BLANK
    CASE This.Value = 6
      DELETE
      PACK
ENDCASE
ThisForm.Refresh
```

④ 运行表单。

3. 操作步骤：

① 新建一个表单，在表单上放置表单控件对象(2 个标签、1 个组合框、1 个表格、1 个命令按钮组)，并设置各个控件对象的属性，对象属性设置如下：

对 象 名	属 性 名	属 性 值
Form1	Caption	数据维护
Label1	Caption	学生管理信息维护
	FontBold	.T.

续表

对　象　名	属　性　名	属　性　值
Label2	Caption	选择维护的表
Combo1	Style	2
	RowSourceType	1
	RowSource	Student,Score,Course
Grid1	RecordSourceType	4-SQL
Commandgroup1	ButtonCount	4
Command1	Caption	编辑
Command2	Caption	添加
Command3	Caption	删除
Command4	Caption	退出

② 编写代码：

• 组合框(Combo1)的 InteractiveChange 事件代码：

```
DO CASE
      CASE ThisForm.Combo1.Value = 1
        ThisForm.Grid1.Recordsource = "Select * From Student"
      CASE ThisForm.Combo1.Value = 2
        ThisForm.Grid1.Recordsource = "Select * From Score"
      CASE ThisForm.Combo1.Value = 3
        ThisForm.Grid1.Recordsource = "Select * From Course"
ENDCASE
```

• 命令按钮组(Commandgroup1)的 Click 事件代码：

```
DO CASE
      CASE This.Value = 1
        DO CASE
        CASE ThisForm.Combo1.Value = 1
          SELECT Student
          BROWSE
        CASE ThisForm.Combo1.Value = 2
          SELECT Score
          BROWSE
        CASE ThisForm.Combo1.Value = 3
          Select Course
          BROWSE
ENDCASE
      CASE This.Value = 2
        APPEND BLANK
      CASE This.Value = 3
```

```
        DELETE
        PACK
    CASE This.Value = 4
        ThisForm.Release
ENDCASE
```

③ 运行表单。

9.5 实验题

1. 设计一个表单,要求表单上3个文本框同步显示文字内容。

2. 设计一个表单,将 Student 表中所有记录的姓名显示在一个列表框中,而在此列表框中选中的姓名以及该学生的出生日期和入学成绩将会自动显示在右边的文本框中。

3. 设计一个表单,从表单中可选择 Student 表、Score1 表、Course 表3个表中的一个进行浏览或编辑。

4. 设计一个简单的计算器表单。

9.6 实验题答案

1. (1)设计表单

新建表单,在表单上放置表单控件对象(3个文本框、2个命令按钮),并设置各个控件对象的属性,对象属性设置如表9-4所示。

表9-4 设置对象属性

对象名	属性名	属性值	对象名	属性名	属性值
Form1	Caption	文本框同步	Text3	FontName	黑体
Text1	FontName	隶书		FontSize	18
	FontSize	18		ForeColor	128,255,0
	ForeColor	255,0,0	Command1	Caption	清除
Text2	FontName	幼圆			
	FontSize	18			
	ForeColor	0,0,255			

设计后的表单界面如图9-11所示。

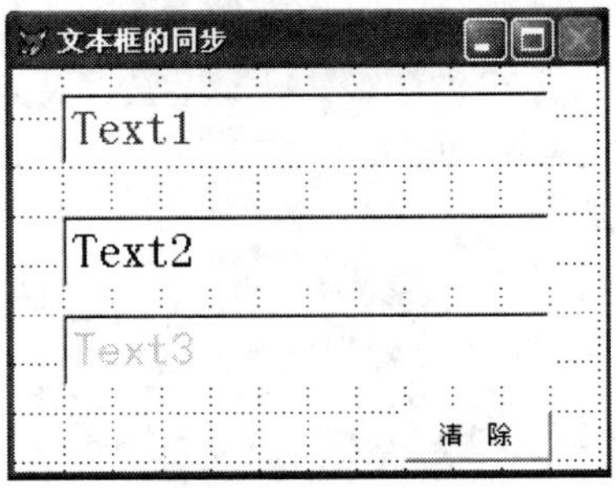

图9-11 "文本框同步"表单

(2) 编写事件代码

• 文本框(Text1)的 InteractiveChange 事件代码：

```
t=ThisForm.Text1.Value
ThisForm.Text2.Value=t
ThisForm.Text3.Value=t
ThisForm.Refresh
```

• 文本框(Text2)的 InteractiveChange 事件代码：

```
t=ThisForm.Text2.Value
ThisForm.Text1.Value=t
ThisForm.Text3.Value=t
ThisForm.Refresh
```

• 文本框(Text3)的 InteractiveChange 事件代码：

```
t=ThisForm.Text3.Value
ThisForm.Text1.Value=t
ThisForm.Text2.Value=t
ThisForm.Refresh
```

• "清除"命令按钮(Command1)的 Click 事件代码：

```
ThisForm.Text1.Value=" "
ThisForm.Text2.Value=" "
ThisForm.Text3.Value=" "
ThisForm.Refresh
```

(3) 运行结果如图 9-12 所示。

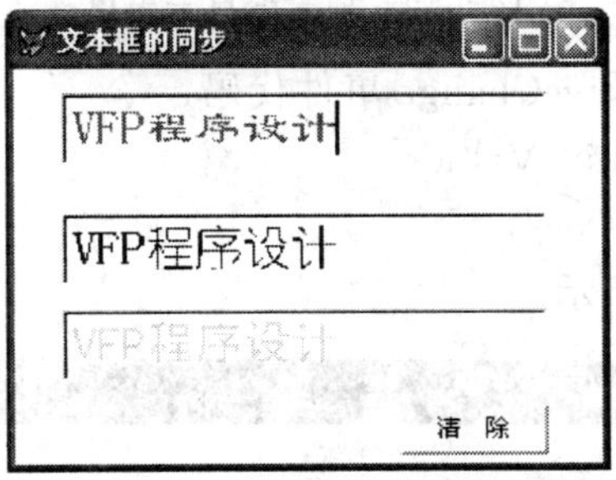

图 9-12 "文本框同步"表单运行

2. (1)设计表单

新建表单，在表单上放置表单控件对象(1 个列表框、4 个标签、3 个文本框)，并设置各个控件对象的属性，对象属性设置如表 9-5 所示。

表 9-5 设置对象属性

对 象 名	属 性 名	属 性 值
Label1	Caption	姓名列表
Label2	Caption	姓名：
Label3	Caption	出生日期：
Label4	Caption	入学成绩：

续表

对　象　名	属　性　名	属　性　值
Text1	FontSize	16
	ControlSource	Student. 姓名
Text2	FontSize	16
	ControlSource	Student. 出生日期
Text3	FontSize	16
	ControlSource	Student. 入学成绩
List1	RowSourceType	Student. 姓名
	RowSource	6-字段

设计后的表单界面如图 9-13 所示。

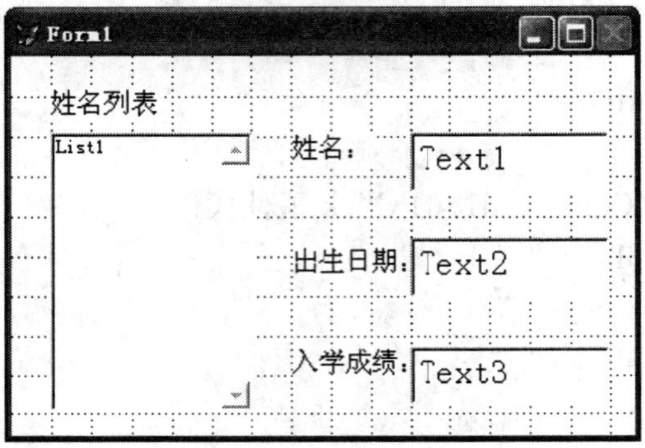

图 9-13　列表框显示表单

(2) 编写 List1 的 InteractiveChange 事件代码：

```
LOCATE FOR 姓名=This. Value
ThisForm. Refresh
```

(3) 运行结果如图 9-14 所示。

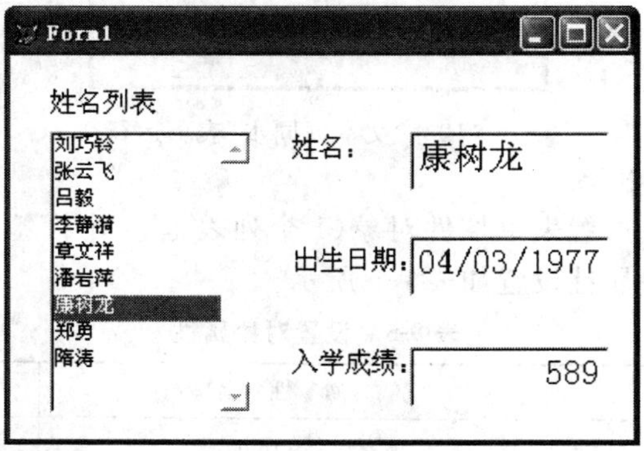

图 9-14　列表框显示表单运行

3. (1)设计表单

新建表单，在表单上放置表单控件对象(1 个选项按钮组、1 个标签、1 个复选框、2 个命令按钮),并设置各个控件对象的属性,对象属性设置如表 9-6 所示。

表 9-6　设置对象属性

对　象　名	属　性　名	属　性　值
Form1	Caption	维护数据表
Label1	Caption	请选择要维护的数据表:
	FontSize	16
Check1	Caption	编辑
	FontSize	12
Command1	Caption	确定
	Default	.T.(按 Enter 键也可"确定")
Command2	Caption	\<Q 退出(按 Q 键即可"退出")
OptionGroup1	Value	1(默认选项为第一个)
	ButtonCount	3
Option1	Caption	学生表
Option2	Caption	成绩表
Option3	Caption	课程表

设计后的表单界面如图 9-15 所示。

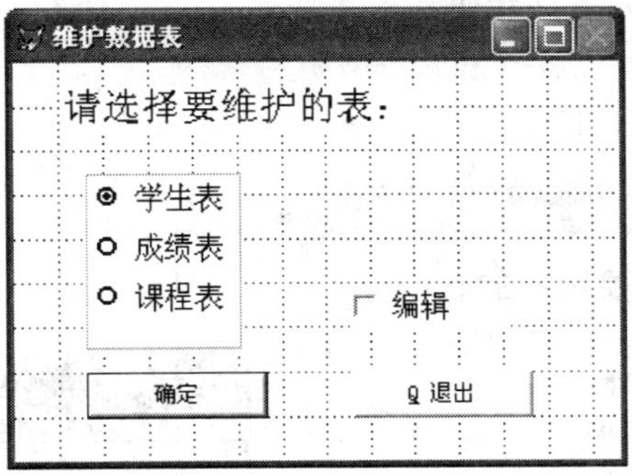

图 9-15　"维护数据表"表单

(2) 在数据环境中加入 Student 表、Score1 表、Course 表 3 个表,如图 9-16 所示。

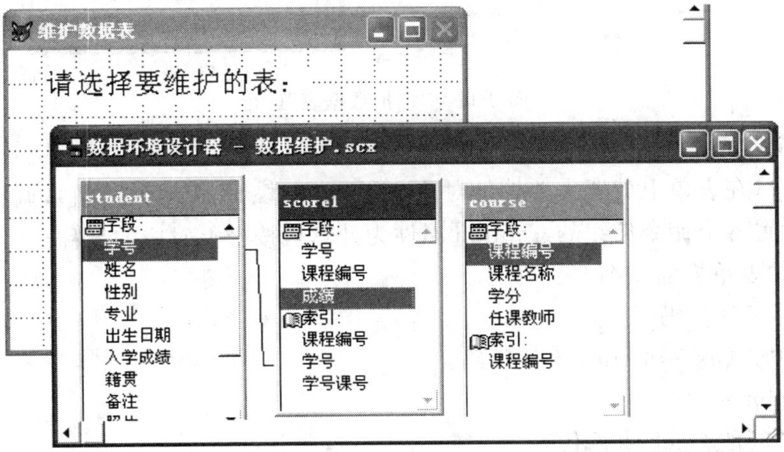

图 9-16　在表单的数据环境中添加表

(3) 编写事件代码。

• OptionGroup1 的 Click 事件代码：

```
DO CASE
    CASE This.Value=1
        SELECT Student
    CASE This.Value=2
        SELECT Score1
    CASE This.Value=3
        SELECT Course
ENDCASE
```

• Command1 的 Click 事件代码：

```
IF ThisForm.check1.Value=1
    Browse
ELSE
    Browse NoModify NoAppend NoDelete
ENDIF
```

• Command2 的 Click 事件代码：

```
ThisForm.Release
```

(4) 保存并运行，如图 9-17 所示。

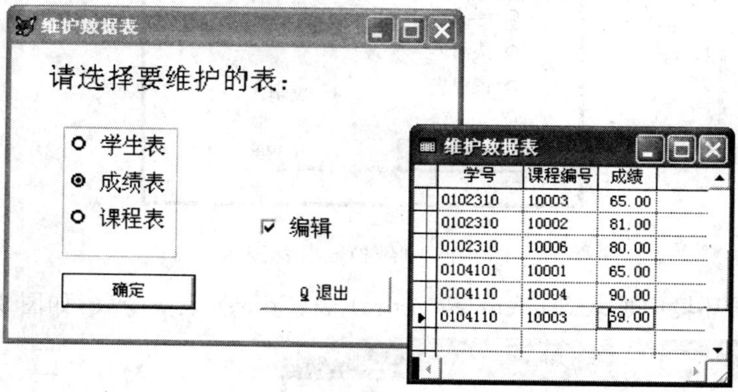

图 9-17 “维护数据表”运行

4. (1)设计表单

新建表单，在表单上放置表单控件对象(1 个文本框、18 个命令按钮)，调整其位置和大小，并分别设置各个命令按钮的 Caption 属性为计算机按键上对应的名称。

设计后的表单界面如图 9-18 所示。

(2) 编写事件代码

• 文本框(Text1)的 Init 事件代码：

```
This.Value=“”
```

• 按键“0”的 Click 事件代码：

```
ThisForm.Text1.Value=ThisForm.Text1.Value+“0”
```

• 按键“1”的 Click 事件代码：

```
ThisForm. Text1. Value=ThisForm. Text1. Value+"1"
```

• 用类似的方法，分别设置好除“=”按键外其他各个按键的 Click 事件代码。

• 按键“=”的 Click 事件代码：

```
r=ThisForm. Text1. Value
xx=&r
ThisForm. Text1. Value=xx
```

• “清除”按钮的 Click 事件代码：

```
ThisForm. Text1. Value=""
```

• “关闭”按钮的 Click 事件代码：

```
ThisForm. Release
```

(3) 保存并运行。

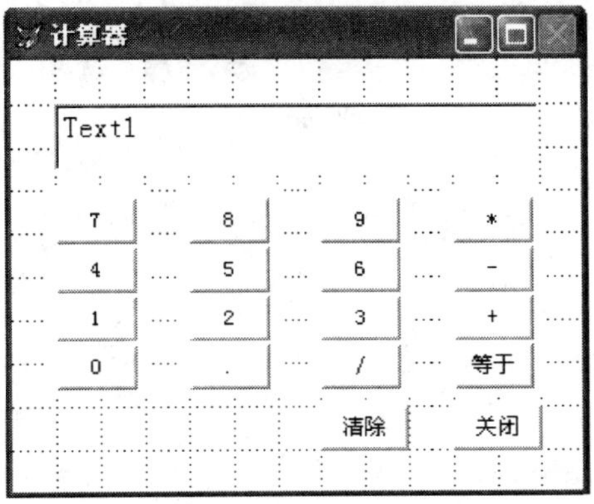

图 9-18 “计数器”表单界面

附：习题答案

一、选择题

1. B　2. C　3. A　4. B　5. A　6. B　7. A　8. B　9. C　10. C
11. B　12. B　13. C　14. C　15. D　16. D　17. B　18. D　19. D　20. A

二、填空题

1. 256
2. Caption
3. 编辑框
4. 容器
5. .SCX　.SCT
6. CREATE FORM

7. 生成器

8. 容器类　BottonCount

9. 表单向导　表单设计器　命令

10. 数据环境

11. 打开　关闭

12. 可视化

13. 个数 ButtonCount　次序 Value

14. 列表框　编辑框

15. 命令按钮

第10章 报表与菜单设计

10.1 学习指导

10.1.1 基本概念

1. 报表

报表是数据输出的常用格式，一般使用“报表向导”、“报表设计器”或两者结合来设计报表。

2. 报表样式

报表的样式包括：列报表、行报表、一对多报表、多栏报表、标签。

3. 报表布局

Visual FoxPro 为用户提供了3种方法来创建报表布局：

(1) 用“报表向导”创建简单的报表或者一对多报表。

(2) 用“报表设计器”修改已有的报表或者创建用户自己的报表。

(3) 用“快速报表”从单表中创建一个简单报表。

4. 菜单结构

(1) 菜单组成

Visual FoxPro 支持两种类型的菜单，即条形菜单和弹出式菜单，其中：

每个菜单由一个内部名字和一组菜单选项组成。

条形菜单的菜单选项由一个名称(标题)和内部名字组成。

弹出式菜单的菜单选项由一个名称和选项序号组成。

(2) 热键的快捷键

热键通常是一个字符，当菜单激活时，可以按菜单项的热键快速选择该菜单。

快捷键通常由 Ctrl 键和另一个字符组成，不论菜单是否激活，都可以通过快捷键选择相应的菜单选项。

(3) 菜单选项产生的动作

选择菜单中某个选项时会产生如下情况之一的动作。

- 执行一条命令。
- 执行一个过程。
- 激活另一个菜单。

(4) 菜单系统的组成

菜单系统一般是一个下拉式菜单，由一个条形菜单和一组弹出式菜单组成。条形菜单作为主菜单，弹出式菜单作为子菜单。当选择一个条形菜单选项时，激活相应的弹出式菜单。

(5) 快捷菜单

快捷菜单一般是由一个或一组上下级弹出式菜单组成。

10.1.2 基本操作

1. 创建报表

(1) 使用报表向导；

(2) 使用报表设计器；

(3) 使用快速报表。

2. 修改报表

利用“报表设计器”，可修改报表：

(1) 设置报表上对象的位置；

(2) 设置报表上字段的长度；

(3) 设置报表上的表格线；

(4) 删除报表的对象；

(5) 移动报表带。

3. 设置报表的数据源

报表数据源通常是数据库中的一些表、视图、查询或自由表等。

4. 调整报表带区

“报表设计器”一般包括3个带区：页标头、细节和页注脚。除这3个常用带区外，根据需要还可以建立若干个带区，各带区底部有一个灰色的分隔条。

5. 定义菜单

在菜单设计器中，指定菜单的各项内容，完成后保存到 .MNX 文件中。

(1) 指定菜单名，即用于显示的标题。

(2) 结果：指定当用户选择该菜单项时的动作，共有4种选择。

① 命令：选择此项时，可在该右侧命令的文本框内输入具体命令，当选择该菜单项时，将执行所输入的命令。

② 过程：选择此项时，可在该右侧出现“创建”按钮，单击此按钮后，可以打开文本编辑窗口，可在该窗口中输入和编辑过程代码。当选择该菜单项时，将执行已输入的过程代码。

③ 子菜单：选择此项时，可在该项右侧出现“创建”按钮，单击此按钮后，菜单设计窗口切换到子菜单项，可以在其中定义子菜单。当选择该菜单时，将激活指定的子菜单。

④ 填充名称：选择此项时，可在该项右侧出现文本框，在该文本框内输入菜单项的内部名称或序号。

若当前定义的是条形菜单，该选项为“填充名称”，应指定菜单项的内部名字。

若当前定义的是弹出式子菜单，该选项为“菜单级”，应指定菜单项的序号。

(3) 选项：“选项”列出一个无符号的按钮，单击此按钮会出现“提示选项”对话框，在该对话框中，可以设置快捷方式、跳过及信息等。

6. 生成菜单程序

选择菜单设计中的“菜单”中的“生成”命令，生成菜单程序文件（.MPR 文件）。

7. 运行菜单程序

在命令窗口中运行菜单程序：DO <文件名.MPR>。

10.1.3 相关命令

创建报表：CREATE REPORT [<报表文件名>|?]。

打开或修改报表：MODIFY REPORT [<报表文件名>|?]。

创建菜单：CREATE MENU [<菜单文件名>|?]。

打开菜单：MODIFY MENU<菜单文件名>。

配置系统菜单的命令格式：SET SYSMENU ON | OFF | TO | AUTOMATIC。
| TO [<弹出式菜单名表>]
| TO [<条形菜单名表>]
| TO [DEFAULT] SAVE | NOSAVE

运行菜单：DO <菜单文件名.MPR>。

10.2 例题解析

一、选择题

【例 10-1】 报表设计器中不包含在基本带区的有______。

A. 标题　　B. 页注脚　　C. 细节　　D. 页标头

【答案】 A

【解析】 报表设计器，包含在基本带区的页标头、细节和页注脚。

【例 10-2】 系统标量 _PAGENO 的值表示______。

A. 还未打印的报表页数　　B. 已经打印的报表页数

C. 当前打印的报表日期　　D. 当前打印的报表页数

【答案】 D

【解析】 系统变量_PAGENO 返回当前打印的报表页数。

【例 10-3】 报表的数据源可以是______。

A. 数据库表、表单、查询　　B. 数据库表、自由表、表单和视图

C. 数据库表、视图、自由表　　D. 数据库表、表单、视图和查询

【答案】 C

【解析】 报表的数据源可以是数据库表、视图、自由表。

【例 10-4】 报表由两个基本部分______组成。

A. 元组、属性　　B. 表单、对象
C. 数据源、布局　　D. 数据源、数据表

【答案】 C

【解析】 报表由数据源和布局组成。

【例 10-5】 在 Visual FoxPro 中，菜单文件的扩展名为______。

A. . MNX　　B. . MNT　　C. . IDX　　D. . PJT

【答案】 A

【解析】 在 Visual FoxPro 中，菜单文件的扩展名为 . MNX。

【例 10-6】 设计菜单要完成的最终操作是______。

A. 创建主菜单及子菜单　　B. 指定各菜单任务
C. 生成程序文件　　D. 浏览菜单

【答案】 C

【解析】 菜单定义文件存放着菜单的各项定义，但该文件不能运行，只有根据菜单定义产生的菜单程序文件，才能最后被使用。

【例 10-7】 用户可以在菜单设计器窗口右侧的______列表框中查看菜单项所属的级别。

A. 菜单项　　B. 插入　　C. 菜单级　　D. 浏览

【答案】 C

【解析】 用户可以在“菜单设计器”窗口右侧的菜单级列表框中查看菜单项所属的级别，也可以在此列表框中选择要编辑的菜单级。

二、填空题

【例 10-8】 设计报表时用来管理数据源的环境称为______。

【答案】 数据环境

【解析】 数据环境是设计报表时用来管理数据源的环境，将数据源添加到数据环境中的好处是当数据源中的数据更新后，使用同一报表文件打印的报表格式不变，但数据是数据源中新的内容。

【例 10-9】 域控件的数据源有______、______和______。

【答案】 字符型　数值型　日期型

【解析】 域控件的数据类型有字符型、数值型和日期型 3 种。

【例 10-10】 命令 SET SYSMENU TO DEFAULT 的作用的将______设置为默认菜单。

【答案】 系统主菜单

【解析】 在“结果”列的下拉列表框中选择“命令”按钮，在它后面的文本中输入该命令，

此命令的作用是关闭应用程序菜单之后打开主菜单。

【例 10-11】 设计菜单最终要完成的操作是______。

【答案】 生成菜单程序

【解析】 菜单定义文件中存放的是菜单的各项定义，但是并不能运行，必须根据此菜单定义文件生成菜单程序文件，才能最后使用。

三、操作题

【例 10-12】 用“报表向导”新建一个按专业分组的学生报表，如图 10-1 所示。

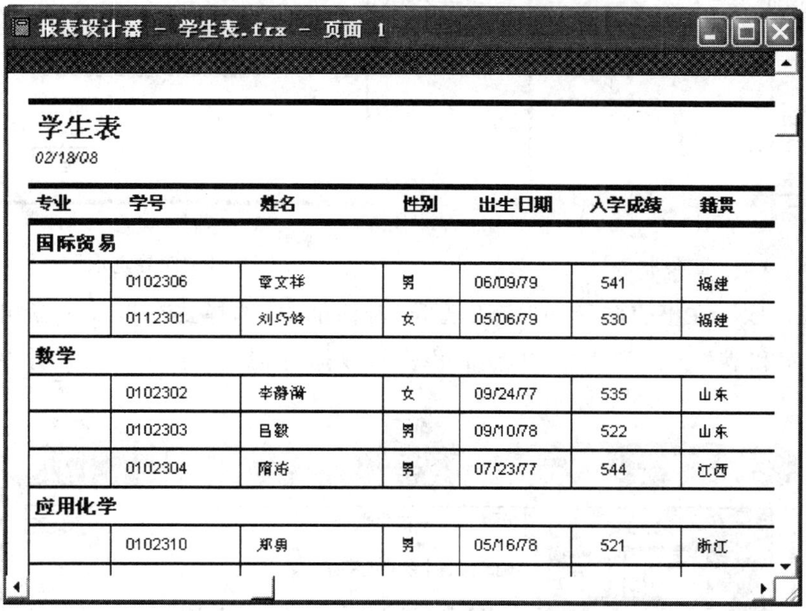

专业	学号	姓名	性别	出生日期	入学成绩	籍贯
国际贸易						
	0102306	章文祥	男	06/09/79	541	福建
	0112301	刘巧铃	女	05/06/79	530	福建
数学						
	0102302	李静漪	女	09/24/77	535	山东
	0102303	吕毅	男	09/10/78	522	山东
	0102304	隋涛	男	07/23/77	544	江西
应用化学						
	0102310	郑勇	男	05/16/78	521	浙江

图 10-1　按专业分组的学生报表

【操作步骤】

1. 准备一个 Student .DBF 文件作为数据源，如图 10-2 所示。

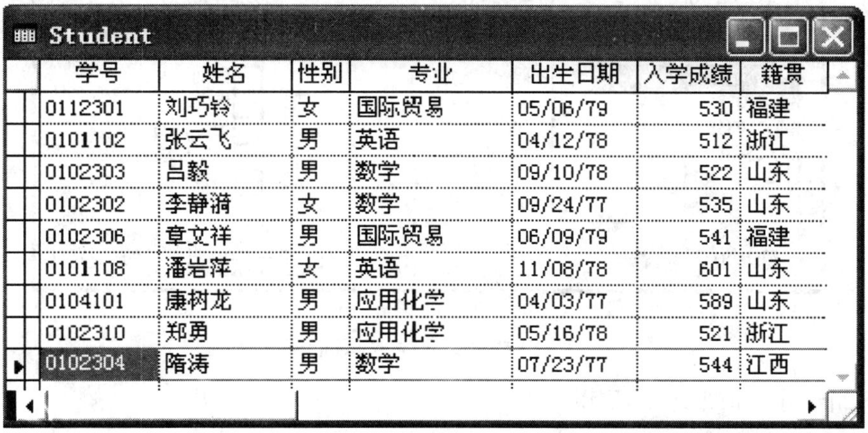

学号	姓名	性别	专业	出生日期	入学成绩	籍贯
0112301	刘巧铃	女	国际贸易	05/06/79	530	福建
0101102	张云飞	男	英语	04/12/78	512	浙江
0102303	吕毅	男	数学	09/10/78	522	山东
0102302	李静漪	女	数学	09/24/77	535	山东
0102306	章文祥	男	国际贸易	06/09/79	541	福建
0101108	潘岩萍	女	英语	11/08/78	601	山东
0104101	康树龙	男	应用化学	04/03/77	589	山东
0102310	郑勇	男	应用化学	05/16/78	521	浙江
0102304	隋涛	男	数学	07/23/77	544	江西

图 10-2　Student 表

2. 用“报表向导”设计

① 使用“报表向导”新建一个报表文件，如图 10-3 所示，选择“报表”单选按钮，然后单击“向导”按钮，弹出如图10-4所示的“向导选取”对话框。

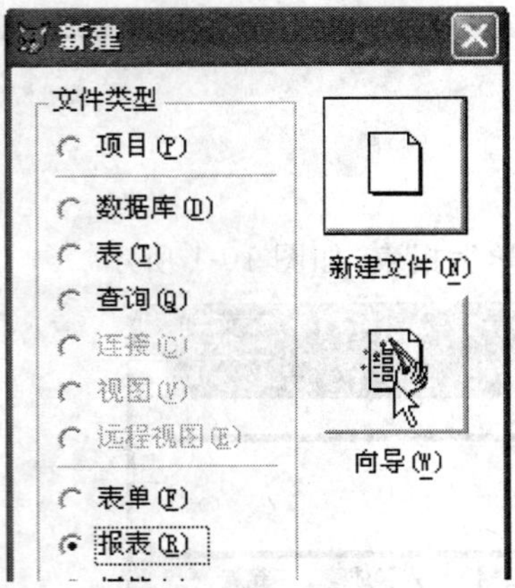

图 10-3 选择“报表”

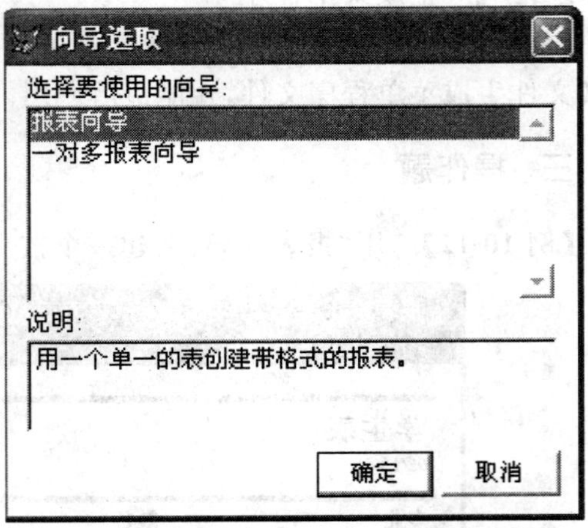

图 10-4 “向导选取”对话框

② 字段选取。在报表向导的“字段选取”对话框中，选择要在报表中输出的字段。首先，在“数据库和表”下拉列表框中选择报表的数据源，然后选择所需的字段，如图 10-5 所示。

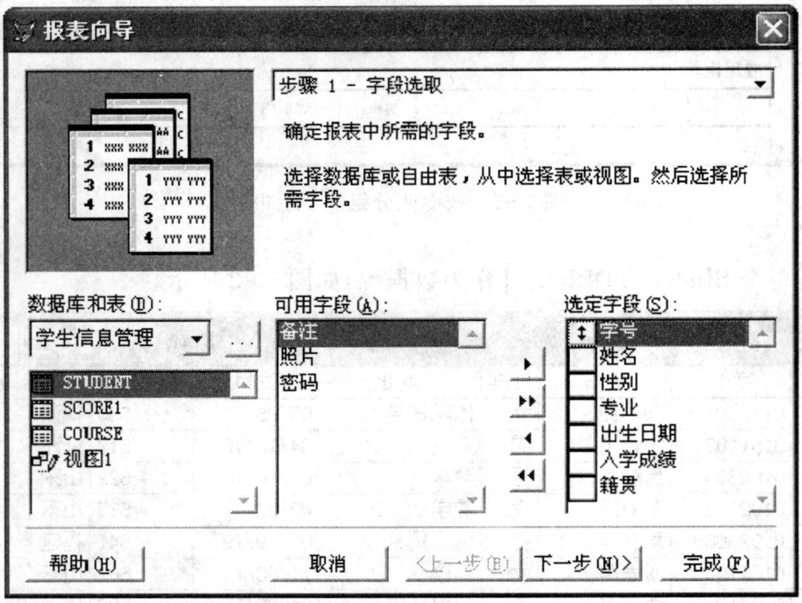

图 10-5 “字段选取”对话框

③ 分组记录，如图 10-6 所示。

④ 选择报表样式，如图 10-7 所示。

⑤ 定义报表布局，如图 10-8 所示。

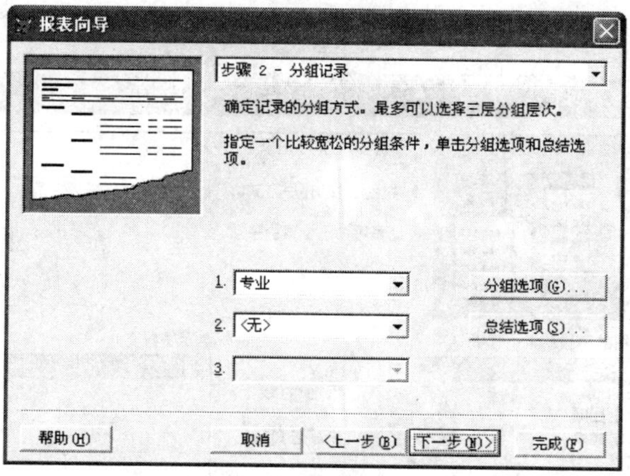

图 10-6　报表向导的分组记录

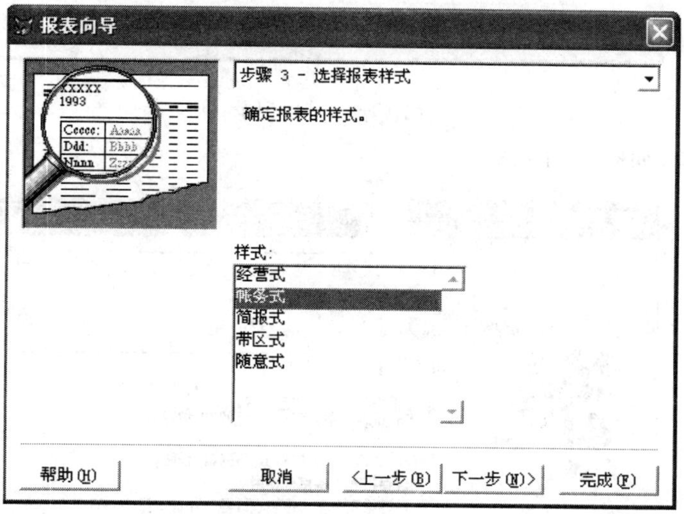

图 10-7　报表向导的选择报表样式

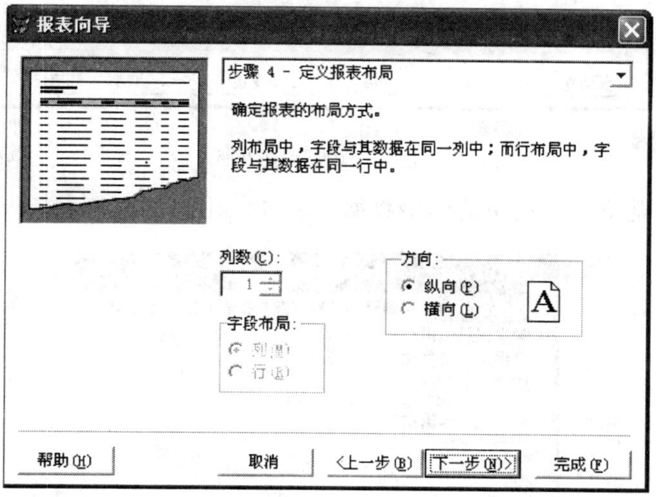

图 10-8　报表向导的定义报表布局

⑥ 排序记录，如图 10-9 所示。

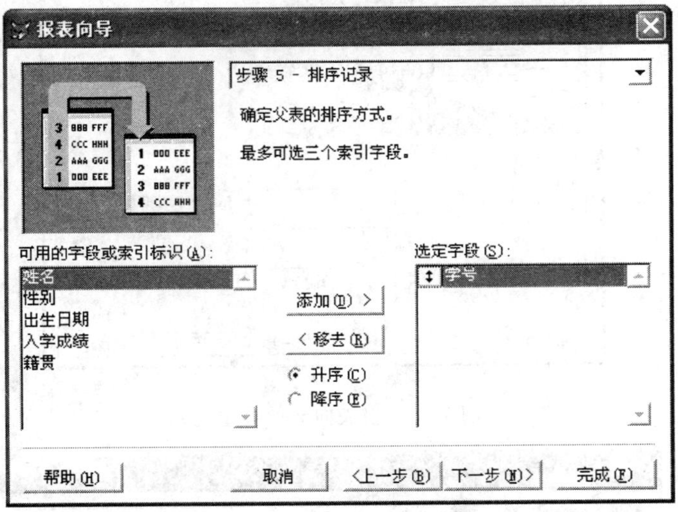

图 10-9　排序记录

⑦ 完成界面，如图 10-10 所示。

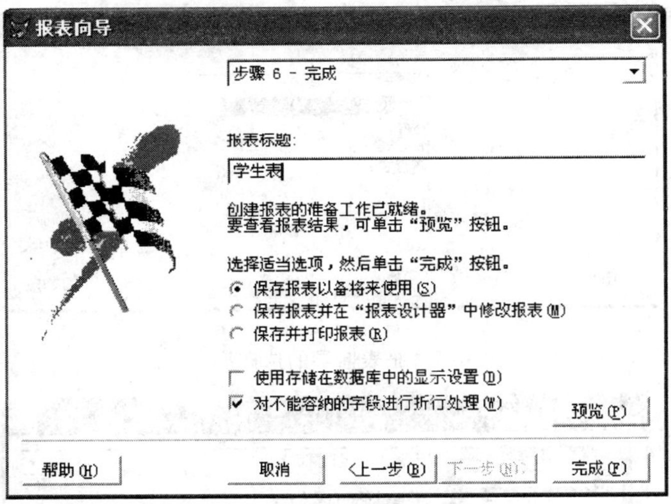

图 10-10　完成界面

【例 10-13】　建立一个简单的学生数据库菜单，如图 10-11 所示。

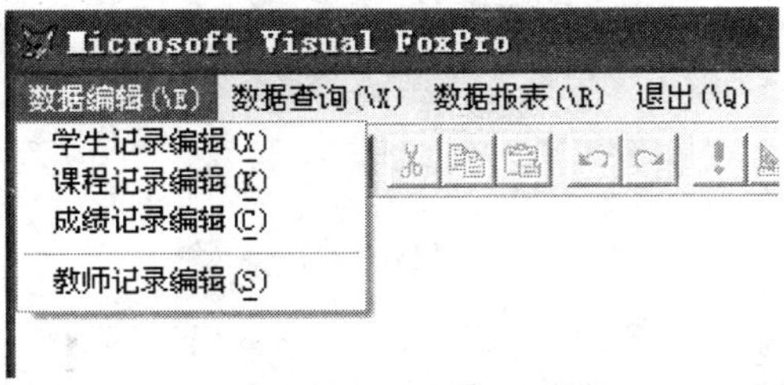

图 10-11　建立学生数据库菜单

【操作步骤】

1. 新建一个菜单文件，如图 10-12 所示。

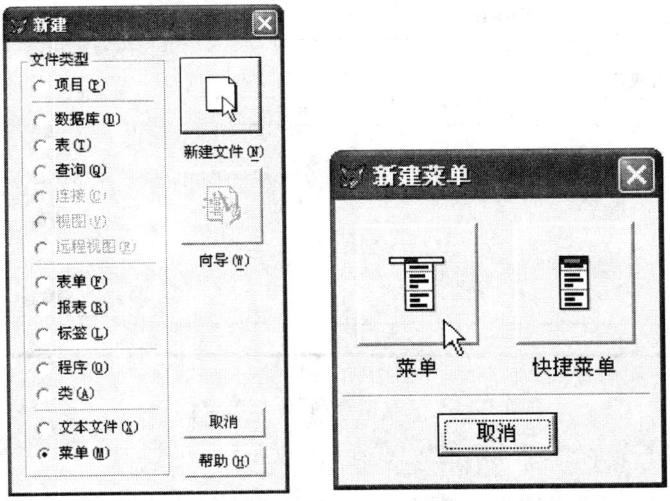

图 10-12　新建菜单文件

2. 打开菜单设计器，设计菜单栏，如图 10-13 所示。

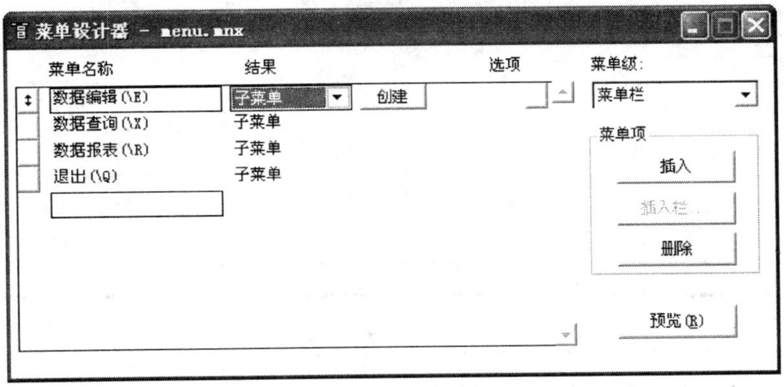

图 10-13　菜单设计器

3. “记录编辑”子菜单编辑，如图 10-14 所示。

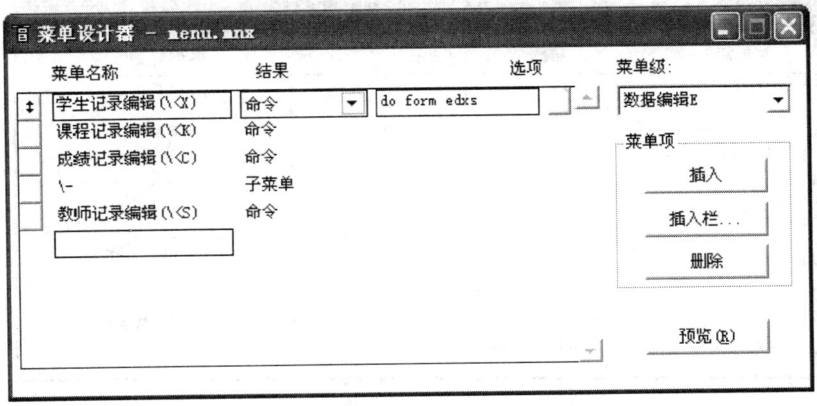

图 10-14　“记录编辑”子菜单设计

4. “数据查询”子菜单编辑，如图 10-15 所示。

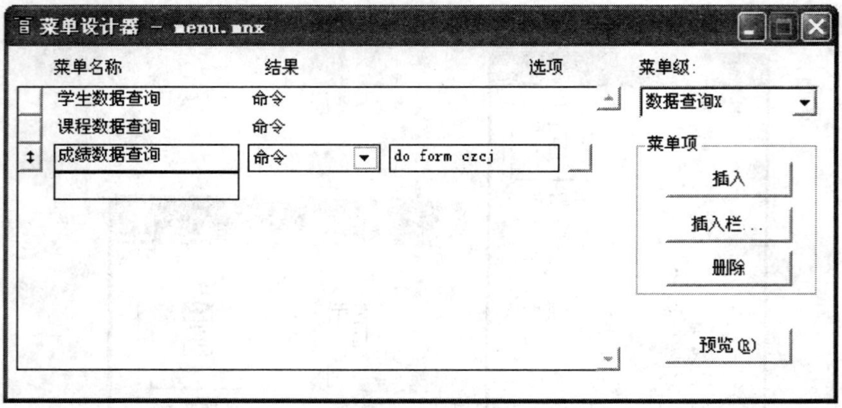

图 10-15 “数据查询”子菜单设计

5. “信息报表”子菜单编辑，如图 10-16 所示。

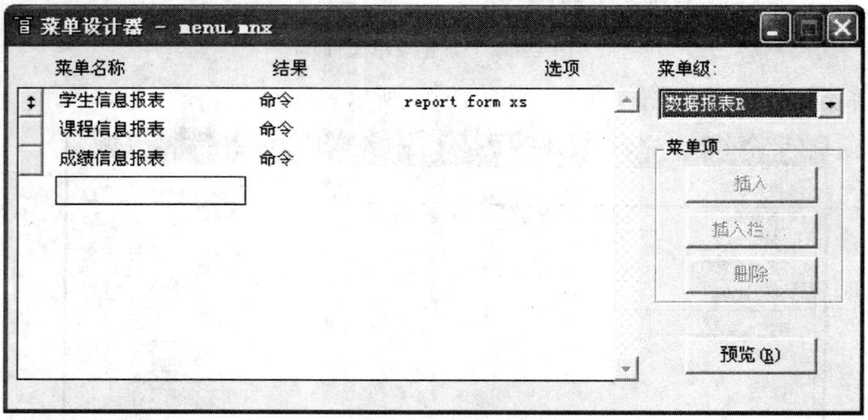

图 10-16 “信息报表”子菜单设计

6. “退出”子菜单编辑，如图 10-17 所示。

“返回系统”的命令为：SET SYSMENU TO DEFAULT。

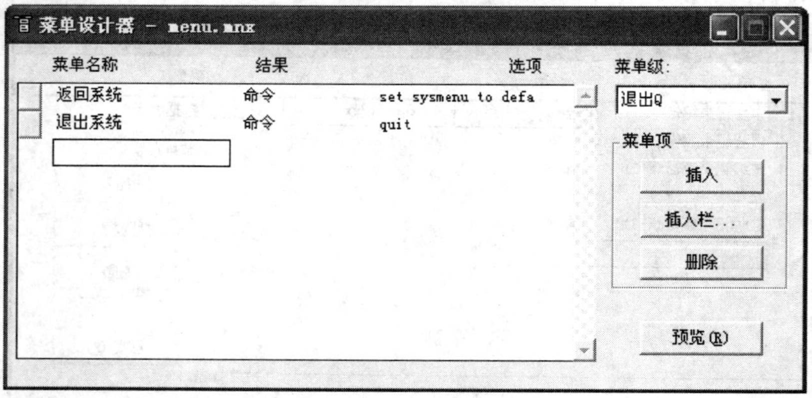

图 10-17 “退出”子菜单设计

7. 生成菜单设置，如图 10-18 所示。

各级菜单定义完成以后，回到菜单设计器的主界面，选择系统菜单栏的“菜单”，单击“生成”按钮，这时会出现“生成菜单”，如图 10-18 所示。在此对话框中单击“生成”按钮，系统自动生成这个菜单的程序代码，并以 .MPR 保存。

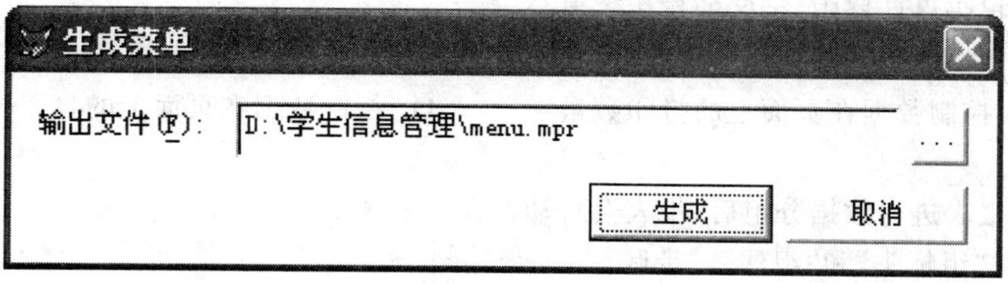

图 10-18 “生成菜单”对话框

8. 运行此菜单。

10.3 习 题

一、选择题

1. 不属于报表设计器的 3 个默认带区是______。
   A. 总结　　B. 页标头　　C. 细节　　D. 页注脚

2. 报表的布局定义了报表的打印格式，包括表头、______和表尾的设计工作。
   A. 字段与变量的安排　　B. 字段的安排
   C. 变量的安排　　D. 以上都不是

3. 表尾的设计包括______。
   A. 页注脚　　B. 列注脚
   C. 组注脚　　D. 页注脚、列注脚和组注脚

4. 报表的组标头打印方式是______。
   A. 每组打印一次　　B. 每页打印一次
   C. 每个报表打印一次　　D. 每列打印一次

5. ______用于打印表或视图中的字段、变量和表达式的计算结果。
   A. 域控件　　B. 报表控件　　C. 标签控件　　D. 图片控件

6. 在报表设计器中，可以使用的控件是______。
   A. 标签、域控件和列表框　　B. 标签、文本框和列表框
   C. 标签、域控件和线条　　D. 布局和数据源

7. 在建立快速报表时，基本带区包括______。

A. 页标头、细节和页注脚　　B. 标题、细节和总结

C. 组标头、细节和组注脚　　D. 报表的格式和数据

8. 在报表设计器中，带区的作用主要是______。

A. 控制数据在页面上的打印宽度　　B. 控制数据在页面上的打印区域

C. 控制数据在页面上的打印数量　　D. 控制数据在页面上的打印位置

9. 对报表进行数据分组后，报表会自动包含的带区是______。

A. “组标头”和“组注脚”带区

B. “细带区”

C. “细带区”、“组标头”和“组注脚”带区

D. “标题”、“细带区”、“组标头”和“组注脚”带区

10. 属于报表控件的是______。

A. 细节　　B. 数据源　　C. 标题　　D. 标签

11. 在一个系统中，使用多个对象协调工作，可以使用______。

A. 工具栏　　B. 菜单栏　　C. 事件　　D. 命令按钮组

12. 将一个预览成功的菜单存盘，再运行该菜单却不能运行，是因为______。

A. 要编入程序　　B. 没有生成代码

C. 要用命令的方式　　D. 没有放到项目中

13. 在菜单设计器环境下，“显示”菜单会出现______命令。

A. 常规选项，菜单选项　　B. 常规选项，系统菜单选项

C. 常规选项，下拉菜单选项　　D. 常规选项，弹出菜单选项

14. 在为顶层表单添加下拉式菜单的过程中，需将表单的 Show Windows 属性设置为______使其成为顶层菜单。

A. 0　　B. 1　　C. 2　　D. 3

15. 创建弹出式菜单项可以使用命令______。

A. DEFINE PAD　　B. DEFINE BAR

C. READ MENU　　D. DEFINE POPUP

16. 在命令窗口中，可用 DO 命令运行菜单程序的文件扩展名是______。

A. .FMT　　B. .FRM　　C. .MNX　　D. .MPR

17. 要使“文件”菜单项可以用“F”作为访问快捷键，可用______定义改菜单标题。

A. 文件(F)　　B. 文件(<\F)

C. 文件(\<F)　　D. 文件(^F)

18. 下列______不属于“菜单设计器”窗口左侧列表框中所包括的内容。

A. 菜单项　　B. 菜单级　　C. 预览　　D. 菜单名称

19. ______不是标准菜单系统的组成部分。

A. 选项　　B. 文件　　C. 菜单名称　　D. 结果

20. 在命令窗口输入“CERATE MENU”命令的作用是用命令方式打开______。

A. 项目管理器　　B. 表单设计器

C. 菜单设计器　　D. 报表设计器

二、填空题

1. 报表由______和______两个基本部分组成。

2. 建立报表的窗口命令是______。

3. 报表的数据源可以是数据库表______、______、______或______。

4. 报表文件的扩展名是______。

5. 在默认情况下，报表设计器显示 3 个带区，它们分别是______、______和______。

6. 设计系统菜单，可以通过______完成。

7. 菜单栏是用于放置菜单的______。

8. 要查看所设计菜单的结果，可以选择菜单设计器的“预览”和程序菜单的______命令。

9. 可以运行的菜单程序代码文件以______扩展名保存。

10. 要将某个弹出式菜单作为一个对象的快捷菜单，通常是在对象的______事件代码中添加调用该弹出式菜单程序的命令。

10.4 教材习题答案

一、选择题

1. A　　2. A　　3. B　　4. A　　5. C　　6. B　　7. B　　8. D

二、填空题

1. 细节

2. 标题/总结

3. 细节

4. . MPR

5. \-

6. 统计(\<T)

7. RightClick　DO KJ. MPR WITH THIS

8. ShowWindow

三、思考题

1. Visual FoxPro 系统提供了“报表向导”、“快速报表”和“报表设计器”3 种方法创建报表。3 种方法中,前两种方法简便、快捷。在实际应用中,往往先用前两种方法生成简单的报表,然后再用“报表设计器”进行修改完善。但若要设计比较复杂的报表,则就需要“报表设计器”才能完成。

2. 首次启动报表时,系统默认 3 个基本带区:页标头带区、细节带区和页注脚带区。页标头作用为报表每一页上打印一次带区所包含的内容,常用于指定报表的字段名;细节带区作用为每个记录打印一次,常用于指定报表的数据列;页注脚带区作用为报表每一页的下方打印该带区所包含的内容。

3. 如果是下拉式菜单,则将其在“常规选项”中设为顶层菜单,在需要添加顶层菜单的表单中,设置其 ShowWindow 属性为“2-作为顶层表单”,然后在表单的 Init 事件过程代码中添加调用命令;如果是快捷菜单,则只需在要添加表单的 RightClick 事件中添加调用命令。

4. 操作步骤:

① 新建一个快捷菜单,保存名为 KjMenu,输入菜单名称为“浏览”,结果为“过程”,编辑“过程”内容为:USE Student

```
BROWSE
USE
```

② 然后执行“显示”菜单下的“常规选项”命令,在“设置”代码窗口输入:Parameters KjForm,在“清理”代码窗口中输入:Release Popups KjMenu。

③ 执行系统“菜单”中的“生成”命令,生成菜单程序文件 KjMenu. MPR。

④ 新建一个表单,保存名为 KjForm。

⑤ 在此表单 RightClick 事件的代码窗口中输入:Do KjMenu. mpr With This。

⑥ 运行表单。

10.5　实验题

1. 设计一个“入学成绩分组汇总”报表,具体要求如下:

(1) 报表的内容(细节带区)是学生表中的学号、姓名、性别、入学成绩的信息;

（2）增加数据分组，分组表达式是性别字段，组标头带区的名称是“性别”，组注脚带区的内容是该组性别的“入学成绩”总和；

（3）增加标题带区，标题是“入学成绩分组汇总表（按性别）”，要求 3 号字体；

（4）增加总结带区，该带区的内容是所有学生的“入学成绩”总和；

（5）在页注脚处设置当前的日期。

2. 设计一个学生管理信息系统设计顶层表单（添加菜单）。

10.6 实验题答案

1. （1）首先对 Student 表按性别建立索引，如图 10-19 所示。

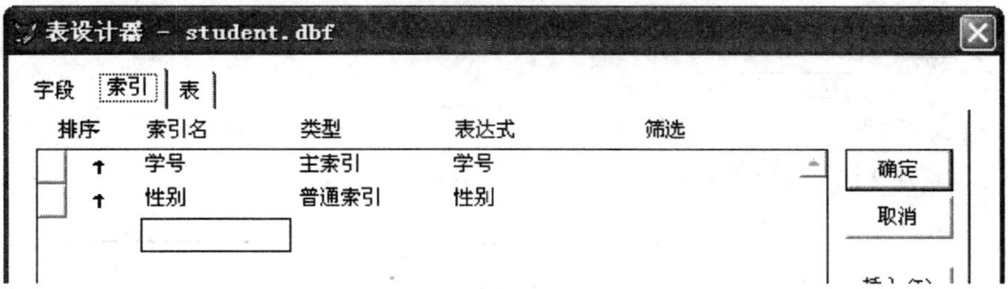

图 10-19　为 Student 表建立性别索引

（2）选择“文件”菜单中的“新建”选项，弹出“新建”对话框，“文件类型”选择“报表”，单击“新建文件”，弹出“报表设计器”窗口。

（3）选择“显示”菜单中的“数据环境”选项，打开数据环境设计器，右击鼠标，弹出快捷菜单，选择“添加”选项，选择 Student 表添加到数据环境中。

（4）拖动数据环境设计器中的相关字段到报表设计器的“细节”带区，调整字段的大小。

（5）选择“报表”菜单中的“数据分组”选项，弹出“数据分组”对话框，在分组表达式上选择“Student. 性别”，增加“组标头”和“组注脚”带区。

（6）把数据环境设计器中的“性别”字段拖到组标头带区，把“入学成绩”字段拖到组注脚带区。双击组注脚带区的“入学成绩”字段，弹出“报表表达式”对话框，单击“计算”按钮，单击“确定”按钮。

（7）选择“报表”菜单中的“标题/总结”选项，弹出“标题/总结”对话框，选择标题带区和总结带区。

（8）在报表设计器中增加了两个带区：标题和总结。单击“标签”控件，在标题带区处单击，输入“入学成绩分组汇总表（按性别）”，选择“格式”菜单中的“字体”，设置 3 号字体。把数据环境设计器中的“入学成绩”字段拖到总结带区，双击总结带区中的“入学成绩”字段，弹出“报表表达式”对话框，单击“计算”按钮，弹出“计算字段”对话框，“重置”选择“报表尾”，“计算”选择“总和”，单击“确定”按钮。

（9）单击“域控件”，在页注脚带区处单击，出现“报表表达式”对话框，在表达式处选择

"DATE(　)"函数，单击"确定"按钮。这时报表设计器设置如图 10-20 所示。

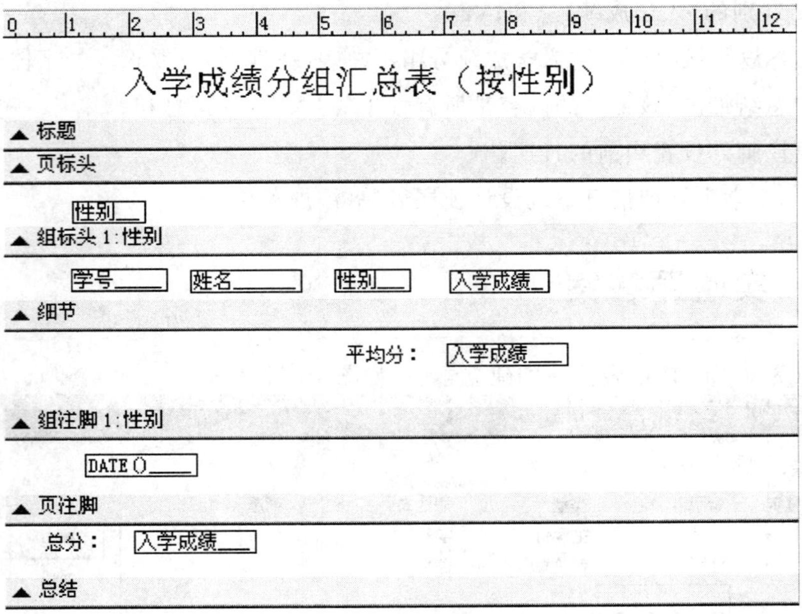

图 10-20　报表设计器界面

(10) 单击"文件"菜单中的"打印预览"，可查看效果，如图 10-21 所示。

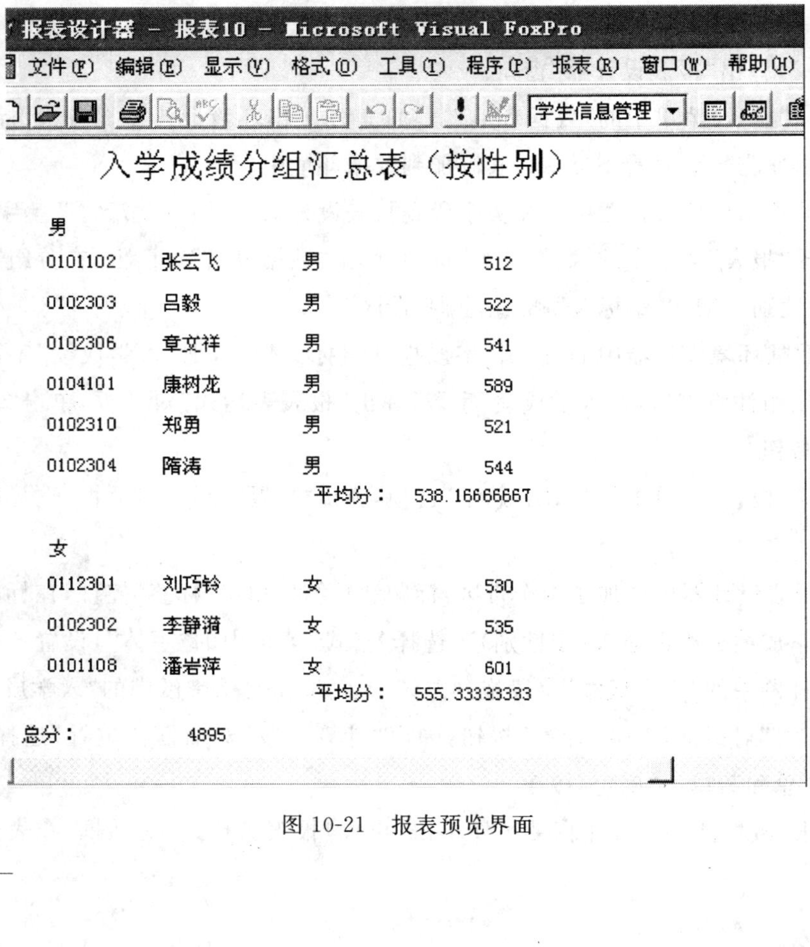

图 10-21　报表预览界面

2. (1) 将 menu. mnx(建立方法见【例 10-13】)菜单系统的“显示”菜单下的“常规选项”对话框打开,选中“顶层表单”,然后重新“生成”菜单。

(2) 创建标题表单 mailform. scx。设置其 Caption 属性为“学生管理信息系统”,ShowWindow 属性为:“2-作为顶层表单”。

(3) 在表单的 Init 事件代码中输入如下代码:

DO menu. mpr WITH THIS, . T.

(4) 运行 mainform. scx,得到如图 10-22 所示窗口。

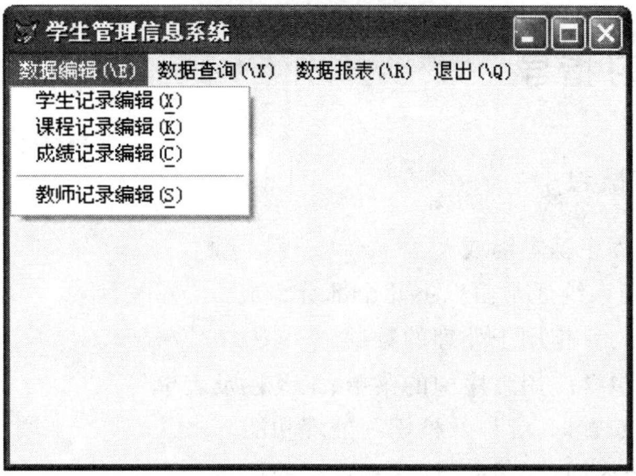

图 10-22 顶层表单

附:习题答案

一、选择题

1. A　2. A　3. D　4. A　5. A　6. C　7. A　8. D　9. A　10. D
11. B　12. B　13. A　14. C　15. B　16. D　17. C　18. B　19. B　20. C

二、填空题

1. 数据源　布局
2. CREATE REPORT
3. 视图　查询　自由表　临时表
4. . FRX
5. 页标头　细节　页注脚
6. 快捷菜单
7. 多个菜单项
8. 运行
9. . MPR
10. RightClick

第 11 章　应用系统集成与开发实例

11.1　学习指导

11.1.1　基本概念

1. 数据库应用程序基本组成

一个数据库应用系统通常由以下几个部分组成。

(1) 建立数据库:保存用于处理的数据。

(2) 用户界面:包含应用程序中的菜单、工具栏及表单等。

(3) 事务处理:如查询、统计及检索等处理功能。

(4) 输出格式与界面:如报表、标签和视图的设计。

(5) 主程序:设置应用程序的系统环境。

2. 组织系统的各个模块

连接组织系统的各个模块步骤如下:

(1) 建立应用程序的子目录,将不同类型的文件放到同一个子目录中,或者放到不同的子目录中。

(2) 将不同类型的文件放到同一个项目中。

(3) 给应用程序加入项目信息,如开发者的信息及系统加密信息等。

3. 连编用户程序

连编是指对整个项目进行联合调试并编译的过程。

(1) 文件的"排除"和"包含"

将一个项目编译成一个应用程序时,项目中包含的所有文件将被组合为一个单一的应用程序。在连编之后,有些文件允许在应用程序中由用户修改,应将其标记为"排除",而那些不允许用户修改的文件(即为只读文件),则应标记为"包含"。

通常表单、菜单、报表、查询和应用程序等应为"包含",而数据文件则标记为"排除"。

(2) 设置主程序

主程序是整个应用程序的入口点,其内容如下:

① 设置应用程序的起始点;

② 初始化环境;

③ 显示初始化的用户界面;

④ 控制事件循环;

⑤ 退出应用程序时，恢复原始开发环境。

Visual FoxPro 中的程序文件、菜单文件、表单或查询都可以作为主文件，主文件在应用系统中是唯一的。

(3) 连编项目

连编项目是让 Visual FoxPro 对项目的整体性进行测试，其结果是将所有在项目中引用的文件，除了标记为排除的文件外，合成为一个应用程序文件。

(4) 连编其他选项

其他选项是指“连编选项”对话框中的其他设置。

4. 主程序设计

(1) 初始化环境

初始化环境包括对应用程序的环境进行初始化、初始化变量及建立默认的路径等。

(2) 显示初始的用户界面

初始的用户可以是菜单、表单或其他用户组件，通常可用 DO 命令进行启动。

(3) 控制事件循环

控制事件循环的方法是执行“READ EVENTS”命令，使 Visual FoxPro 开始处理诸如鼠标单击、双击及输入等用户事件。

(4) 组织主程序文件

当应用程序中使用一个程序文件. PRG 作为主文件时，必须保证该主程序可控件应用程序的主要任务，这样，其应完成的基本任务如下：

① 通过打开数据库及变量声明等初始化环境；

② 调用一个菜单或表单来建立初始的用户界面；

③ 执行“READ EVENTS”命令来建立事件循环；

④ 从“退出系统”菜单中，选择并执行“CLEAR EVENTS”命令；

⑤ 应用程序退出时，恢复环境。

11.1.2 基本操作

1. 设置主文件的方法

在项目管理器中选择要设置为主程序的文件后，右击鼠标，在弹出的快捷菜单中选择“设置主文件”命令。

2. 连编项目的方法

先选中设置为主程序的文件，然后单击“连编”按钮，在弹出的“连编选项”对话框中进行设置。

3. 连编应用程序

连编项目成功后，可以试运行该项目，方法是在项目管理器中选中主程序，单击“运行”按钮。运行正确后，即可进行连编。

应用程序的连编结果有两种形式：

(1) 应用程序文件(. APP)：需要在 Visual FoxPro 中运行。

(2) 可执行文件(. EXE)：可以在 Windows 下运行。

4. 运行应用程序

运行 . APP 应用程序或 . EXE 应用程序：可用“程序”菜单的“运行”命令。

11.1.3 相关命令

(1) 连编应用程序：BUILD APP <应用程序名> FROM <项目文件名>；

BUILD EXE <可执行文件名> FROM <项目文件名>。

(2) 运行应用程序：DO <应用程序文件名>。

11.2 例题解析

一、选择题

【例 11-1】 在主程序设计中，主文件或主应用程序对象应该做的第一件事是______。

A. 显示初始化用户界面　　B. 对应用程序的环境进行初始化

C. 制定控制事件循环条件　　D. 组织主程序文件

【答案】 B

【解析】 在设计主程序时，作为整个应用程序的入口点，主程序必须首先负责初始化的用户界面，同时建立一个事件环境来等待用户的交互动作。

【例 11-2】 在主程序设计过程中，需要建立一个事件循环，用于控制事件循环的方法是______。

A. 执行“LOOP”命令　　B. 执行“CLEAR EVENTS”命令

C. 执行“READ EVENTS”命令　　D. 以上选项都不对

【答案】 C

【解析】 “CLEAR EVENTS”命令，用于结束事件循环。执行该命令时，主程序中所有的处理过程全部挂起。“LOOP”命令是循环语句。

【例 11-3】 关于 . EXE 应用程序的运行，以下描述正确的是______。

A. 既可在 Visual FoxPro 中，也可在 Windows 环境下运行

B. 只能在 Visual FoxPro 中运行

C. 只能在 Windows 环境下运行

D. 暂时还不能运行

【答案】 A

【解析】 连编应用程序所生成的 . EXE 程序，可以在 Visual FoxPro 中的命令窗口用“DO”命令执行，也可以在 Windows 环境下通过双击相应图标运行。

【例 11-4】 如果将一个数据表设置为“排除”状态，那么系统连编后，该数据表将______。

A. 成为自由表　　B. 包含在数据库中

C. 不能编辑修表　　D. 可以随时编辑修改

【答案】 D

【解析】 将一个项目编译成一个应用程序时，项目中包含的所有文件将被组合为一个单一的应用程序。在连编之后，希望有些文件允许在应用程序中由用户修改，应将其标记为“排除”，而那些不允许用户修改的文件，则应该标记为“包含”。

这样，如果将一个数据表设置为“排除”，那么系统连编后，该数据表将可以随时被编辑修改。

【例 11-5】 下列关于文件的“排除”与“包含”，说法正确的是______。

A. 在项目连编之后，那些在项目中标记为“包含”的文件允许用户对其作出修改

B. 若一个文件为只读文件，则必须将此文件允许用户对其作出修改

C. 可根据应用程序的需要包含或排除文件

D. 一些可执行文件，如表单、报表、查询应该在应用程序文件中为“排除”；而数据文件则为“包含”

【答案】 C

【解析】 将一个项目编制成一个应用程序时，所有项目包含的文件将组合为一个单一的应用程序文件。在项目连编之后，那些在项目中标记为“包含”的文件是只读文件；在项目中标记为“排除”文件，则允许用户对其进行修改。

二、填空题

【例 11-6】 在主程序设计中，初始化环境包括对应用程序的环境进行初始化______，建立默认的路径等。

【答案】 初始化变量

【解析】 初始化环境操作包括对应用程序的环境进行初始化、初始化变量及建立默认的路径等。

【例 11-7】 在主程序设计中，执行“READ EVENTS”命令是为了控制______。

【答案】 事件循环

【解析】 “READ EVENTS”命令是为了控制事件循环，使 Visual FoxPro 开始处理诸如鼠标单击、双击及键盘输入等用户事件。

【例 11-8】 应用程序连编后，可以有两种结果，分别为______和______。

【答案】 应用程序文件 .APP、可执行文件 .EXE

【解析】 连编应用程序结果有两种形式，即应用程序文件 .APP 和可执行文件 .EXE。

三、操作题

【例 11-9】 建立一个项目文件，将前面章所建立的数据库、查询、表单、菜单等文件，添加到“学生信息管理”项目中，并进行连编。

【操作步骤】

① 新建一个项目管理器：选择“文件”菜单下的“新建”选项，选定文件类型为“项目”，并

选中“新建文件”按钮，指定文件名为学生信息管理.pjx，如图 11-1 所示。

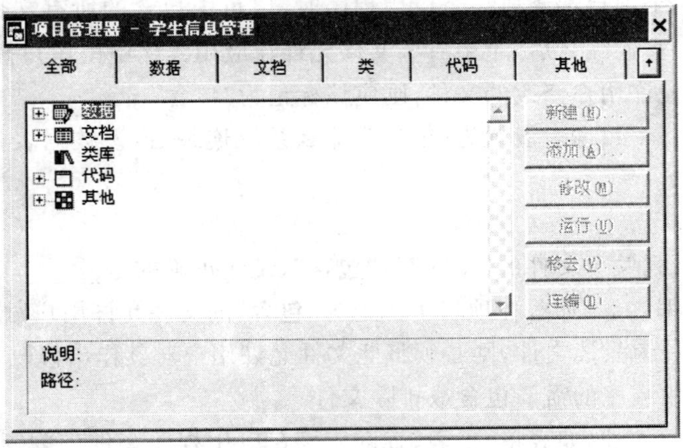

图 11-1　建立项目文件

② 添加文件。选中“数据”选项卡，添加数据库文件和查询文件；选中“文档”选项卡，添加表单文件和报表文件；选中“代码”选项卡，添加程序文件；选中“其他”选项卡，添加菜单文件。

③ 设置完主文件，选中“连编可执行文件”单选按钮，单击“确定”按钮，完成该项目连编过程，如图 11-2 所示。

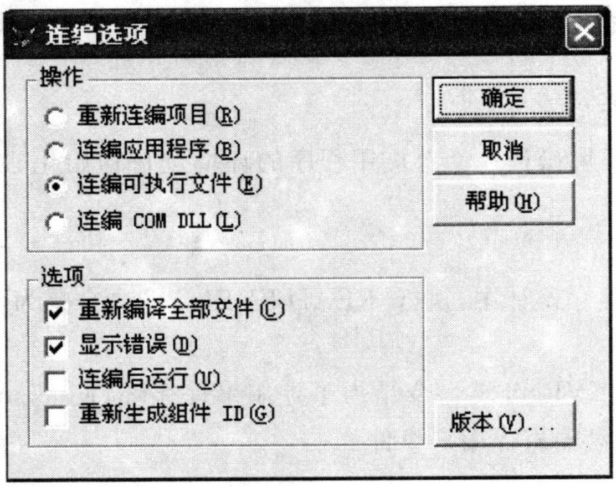

图 11-2　连编项目文件

11.3　习　题

一、选择题

1. 把一个项目编译成为一个应用程序时，下述说法正确的是______。

   A. 所有的项目文件将组合为一个单一的应用程序文件

B. 所有的项目排除的文件将组合为一个单一的应用程序文件

C. 所有的项目包括的文件将组合为一个单一的应用程序文件

D. 由用户选定的项目文件将组合为一个单一的应用程序文件

2. 主程序作为整个程序的入口点至少应具有的功能为______。

A. 初始化环境

B. 初始化环境，显示初始的用户界面

C. 初始化环境，显示初始的用户界面，控制事件循环

D. 初始化环境，显示初始的用户界面，控制事件循环，退出恢复环境

3. 在通过连编可以生成多种类型的文件，但不能生成______。

A. .APP 文件　　B. .EXE 文件　　C. .DLL 文件　　D. .PRG 文件

4. 如果将一个表单文件设置为“排除”状态，那么该文件______。

A. 不参加连编　　B. 排除在应用程序外

C. 本次不编译　　D. 不显示编译错误

5. 不能作为应用程序系统中的主程序的是______。

A. 程序　　B. 菜单　　C. 表单　　D. 数据表

6. 要连编程序，必须通过______。

A. 程序编辑器　　B. 应用程序生成器

C. 项目管理器　　D. 数据库设计器

7. 如果将一个数据表设置为“包含”状态，那么系统连编后，该数据表将______。

A. 成为自由表　　B. 包含在数据库中

C. 不能编辑修改　　D. 可以随时编辑修改

8. 下面关于运行应用程序的说明正确的是______。

A. .APP 应用成可以在 Visual FoxPro 和 Windows 环境下运行

B. .EXE 应用成可以在 Visual FoxPro 和 Windows 环境下运行

C. .EXE 应用程序只能在 Windows 环境下运行

D. .APP 应用程序只能在 Windows 环境下运行

二、填空题

1. 编译一个项目时，项目中的有些文件希望在应用程序中允许用户修改，则应将其标记为______。

2. 在主程序设计中，初始的用户界面可以是______、______或其他用户组件。

3. 对应用程序的环境进行初始化、初始化变量及建立默认的路径等过程统称为______。

4. 将应用程序连编为应用程序文件 .APP，可在命令窗口输入命令______。

5. 将应用程序连编为可执行文件 .EXE 可在命令窗口输入命令______。

6. 将应用程序连编生成的应用程序文件 .APP，只能在______中运行。

7. 应用程序连编生成的______文件可以在 Windows 下运行。

8. 在数据库应用系统中，用户界面包含应用程序中的______、______和菜单。

11.4 教材习题答案

1. Visual FoxPro 中的一个项目,实际上是一个数据库应用系统所需要的各种文件、数据和对象的集合。用来有效地组织和管理数据库、数据表、表单、报表、程序等多种类型的文件,并且在最后将整个系统编译成可独立运行的 .APP 和.EXE 文件。

2. 开发数据库应用系统中,需要经过系统分析、系统设计、系统实施、系统测试以及系统维护等几个阶段。

3. 主程序是应用系统的最先执行的程序,它可以是一个程序文件、表单等,在主程序中依次调用其他程序。在项目管理器窗口中若要设置主程序,只需要某一个程序或表单上右击,从弹出的快捷菜单中选择执行"设置主文件"命令即可。

11.5 实验题

为某小型图书馆设计一个管理信息系统,经过调查,图书馆工作人员最希望该系统解决的问题有:

(1) 图书的借阅与归还登记。也就是为读者借书建立一个台账,应用该台账,工作人员能方便地掌握某位读者借了哪些书、借了多长时间。

(2) 编制催还图书通知单。该图书馆对所借书的数量暂时未进行限制,但对借书时间限制为 60 天,对逾期未还的读者下达催还图书的通知单,促其尽快还书,以加快图书的周转。

(3) 提供快速的图书查找功能,方便读者尽快查到其所需要的图书。

(4) 系统所提供的全部功能操作要简便、直观、实用。

11.6 实验题答案

1. 数据库设计

(1) 数据库表设计:

① 借书证发放登记表(reader.dbf)。

dzbh,C(8)	读者编号
xm,C(8)	读者姓名
gzdw,C(30)	工作单位
dh,C(8)	电话号码
dz,C(20)	住址
bzrq,D	办证日期
tzrq,D	退证日期

② 图书登记表(book.dbf)。

tsbh,C(8)	图书编号

tsmc,C(30)	图书名称
zz,C(8)	作者
cbs,C(30)	出版社
lb,C(8)	图书类别
dj,N(5,1)	图书价格
nrty,M	内容提要
kcs,I	库存数
zks,I	在库数

③ 图书类型表(typer.dbf)。

lb,C(8)	图书类别

④ 借书登记表(brower.dbf)。

dzbh,C(8)	读者编号
tsbh,C(8)	图书编号
jyrq,D	借阅日期
ghrq,D	归还日期

⑤ 借书视图(brower1)。

为打印催还书通知单的需要,设计一个借书视图,该视图从 reader.dbf 等 3 个表中提取 7 个字段:

Reader.dzbh
Reader.xm
Reader.dh
Brower.tsbh
Book.tsmc
Book.zz
Brower.jyrq

其视图关系可以由以下语句定义:

```
SELECT Reader.dzbh, Reader.xm, Reader.dh, Brower.tsbh, Booker.tsmc,;
  Booker.zz, Brower.jyrq;
 FROM book! reader INNER JOIN book! brower;
    INNER JOIN book! book Booker ;
   ON Brower.tsbh = Booker.tsbh ;
   ON Reader.dzbh = Brower.dzbh;
 WHERE Brower.jyrq < DATE( )-60;
    AND DATE( ) - Brower.ghrq = 0;
ORDER BY Reader.dzbh
```

(2) 建立数据库表之间的永久关系，如图 11-3 所示。

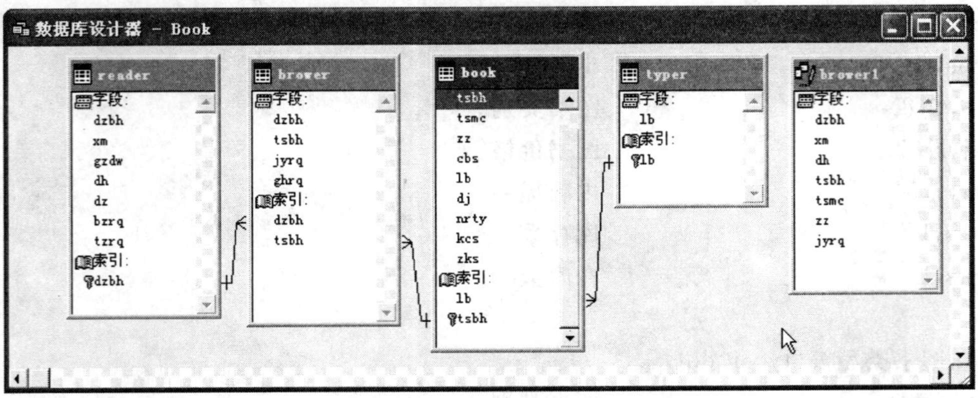

图 11-3　数据库设计

2. 菜单设计

图书馆管理信息系统的菜单结构如图 11-4 所示的 5 个菜单项加一个退出系统的菜单项组成。

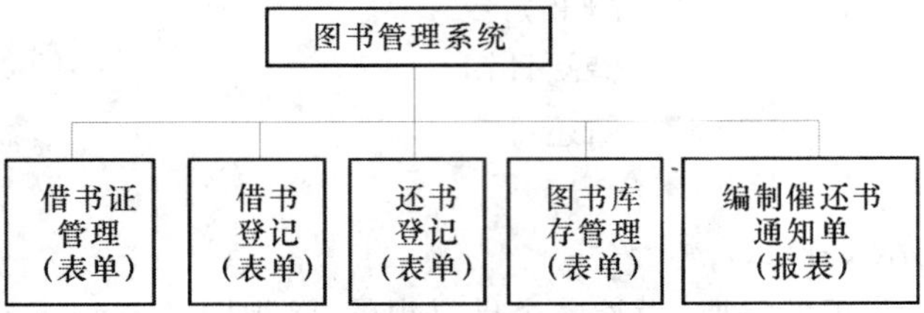

图 11-4　菜单结构设计

3. 表单设计

(1) 图书证办理与退还

这个表单与 reader. dbf 表关联，在其支持下完成用户所要进行的图书证的发放和退还工作，其运行界面如图 11-5 所示。

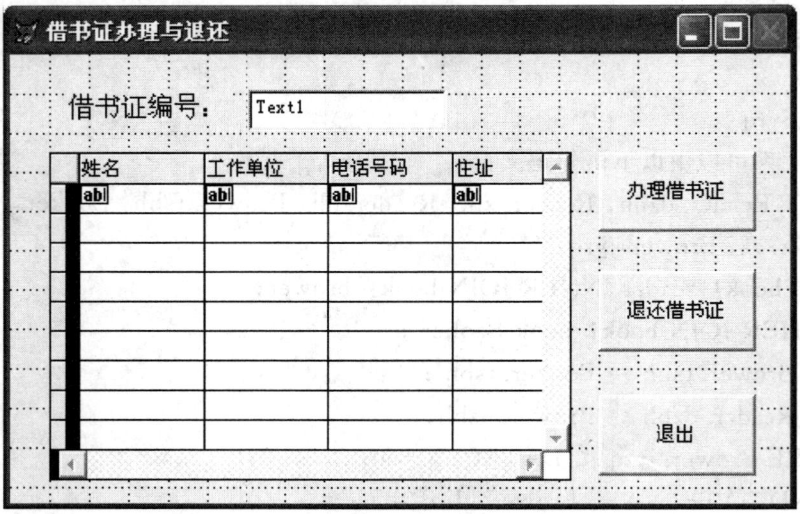

图 11-5　借书证管理表单

与表单相对应的各种对象的属性值及事件代码说明如下：

① “借书证编号”文本框。

Format 属性：‘xxxxxxxx’

- InteractiveChange 代码：

```
ThisForm.Dataenvironment.Cursor1.Filter = 'dzbh = ' + "'" + Trim(This.Value) + "'"
    ThisForm.Refresh
    Return
```

- LostFocus 代码：

```
ThisForm.Dataenvironment.Cursor1.Filter = 'dzbh = ' + "'" + Trim(This.Value) + "'"
    ThisForm.Refresh
    Return
```

② “办理借书证”按钮。

- Click 代码：

```
APPEND BLANK
REPLACE dzbh WITH ThisForm.text1.value,bzrq WITH date( )
ThisForm.Dataenvironment.cursor1.filter = 'dzbh = ' + "'" + trim(ThisForm.text1.
value) + "'"
    ThisForm.Refresh
    Return
```

③ “退还借书证”按钮。

- Click 代码：

```
ThisForm.Grid1.Column6.text1.value = date( )
Return
```

④ “退出”按钮。

- Click 代码：

```
close all
ThisForm.Release
```

(2) 借书登记

这个表单是整个系统的一个主要表单，共涉及 reader.dbf、book.dbf、brower.dbf、typer.dbf 4 个表，其表单界面如图 11-6 所示。

① 数据环境。

包含 4 个表，其关联关系如图 11-7 所示。

数据环境的 Cursor 对象与表的对应关系说明如下：

Cursor1—typer.dbf

Cursor2—book.dbf

Cursor3—reader. dbf
Cursor4—brower. dbf

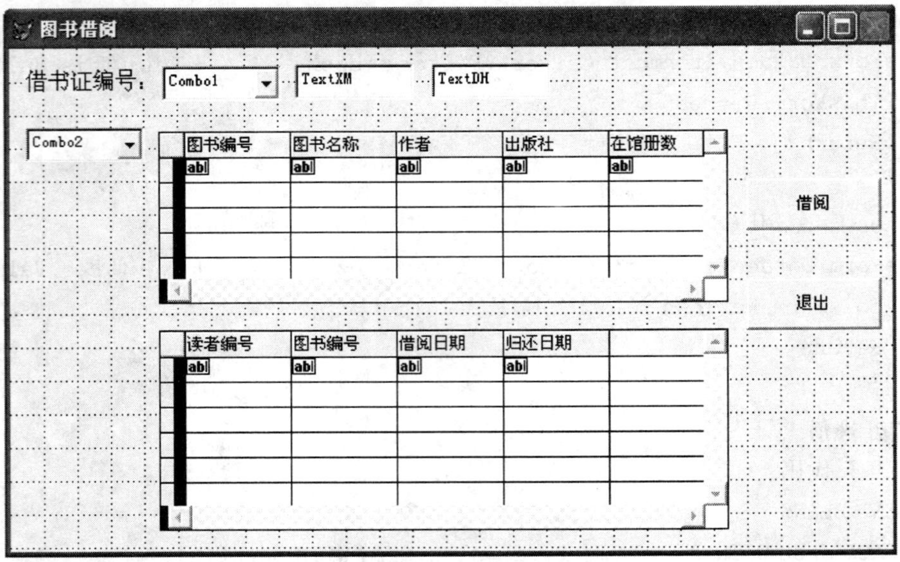

图 11-6　借书登记表单

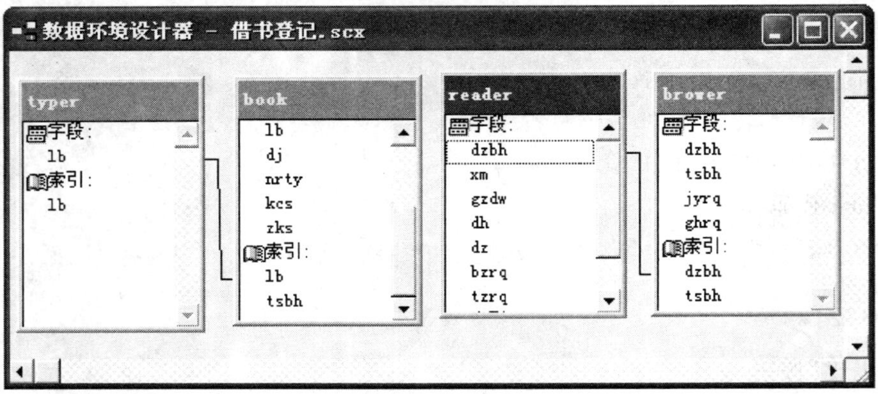

图 11-7　借书登记表单的数据环境

② "借书证编号"组合框。

ControlSource 属性：reader. dzbh

- InteractiveChange 代码：

```
ThisForm.Dataenvironment.Cursor3.Filter = 'dzbh = ' + "'" + This.Value + "'"
ThisForm.Dataenvironment.Cursor4.Filter = 'dzbh = ' + "'" + This.Value + "'";
 = 'AND date(  ) - ghrq = 0'
ThisForm.Refresh
```

- LostFocus 代码：

```
ThisForm.Dataenvironment.Cursor3.Filter = 'dzbh = ' + "'" + This.Value + "'"
```

```
ThisForm.Dataenvironment.Cursor4.Filter = 'dzbh = ' + "'" + This.Value + "'";
 = 'AND date(  ) - ghrq = 0'
ThisForm.Refresh
```

③ “图书类型选择”组合框。

RowSource 属性：Typer. dbf

④ 显示姓名的文本框。

ControlSource 属性：reader. xm

⑤ 显示电话号码的文本框。

ControlSource 属性：reader. dh

⑥ 表单上半部分的表格对象。

以 book. dbf 表为数据源。

⑦ 表单下半部分的表格对象。

以 brower. dbf 表为数据源。

⑧ “借阅”按钮。

- Click 代码如下：

```
tdbf = Alias(  )     && 当前工作区
SELECT (ThisForm.DataEnvironment.Cursor4.Alias)     && 转 brower.dbf 表分区
APPEND BLANK     && 登记一条借阅图书记录
REPLACE tsbh WITH ThisForm.Grid1.Column1.Text1.Value     && 选定的图书编号
REPLACE dzbh WITH ThisForm.Combo2.Value     && 文本框中的读者编号
REPLACE jyrq WITH date(  )     && 系统日期作为借阅日期
SELECT (ThisForm.DataEnvironment.Cursor2.Alias)     && 转 book.dbf 表分区
REPLACE zks WITH zks - 1     && 在库可级任图书数减 1
SELECT &tdbf     && 回到初始分区
ThisForm.Refresh
RETURN
```

(3) 还书登记

该表单涉及 reader. dbf、brower. dbf 和 book. dbf 这 3 个表，改表单界面设计如图 11-8 所示。

① 数据环境设计。

该数据环境中包含 3 个表，其关联关系如图 11-9 所示，数据环境中 Cursor 对象与表的对应关系是：

Cursor1—reader. dbf

Cursor2—brower. dbf

Cursor3—book. dbf

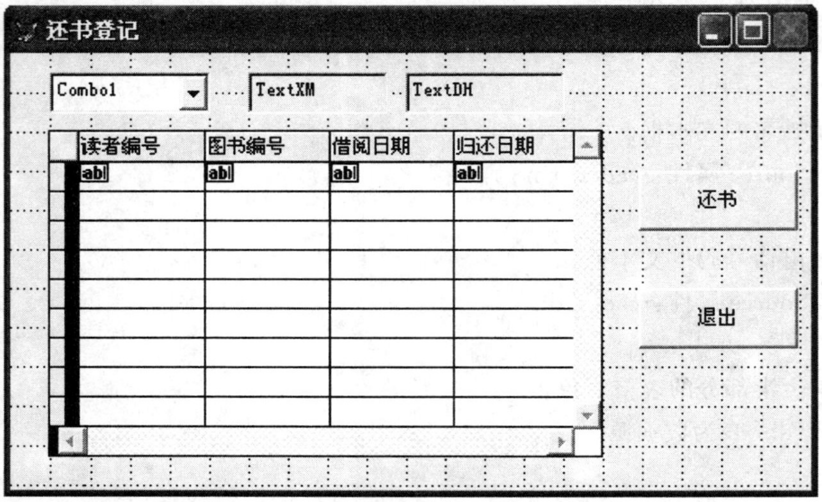

图 11-8　还书登记表单

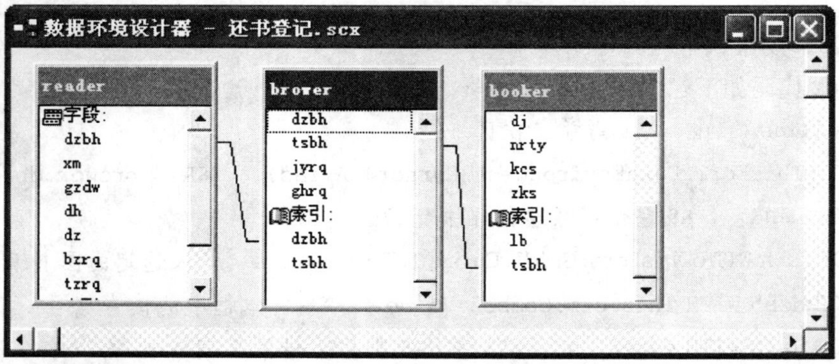

图 11-9　还书登记表单的数据环境

② 读者编号组合框。

RowSource 属性：reader. dbf

- GotFocus 代码：

```
ThisForm.Dataenvironment.Cursor1.Filter = ''
ThisForm.Refresh
```

- InteractiveChange 代码：

```
ThisForm.Dataenvironment.Cursor1.Filter = 'dzbh = ' + "'" + This.Value + "'"
ThisForm.Dataenvironment.Cursor2.Filter = 'dzbh = ' + "'" + This.Value + "'";
```

```
= 'AND date(  ) - ghrq = 0'
ThisForm.Refresh
```

③ 读者姓名文本框。

ControlSource 属性:reader. xm

Enabled 属性:. F.

④ 电话号码文本框。

ControlSource 属性:reader. dh

Enabled 属性:. F.

⑤ 表格对象。

数据源为 brower. dbf 表

⑥ "还书"按钮。

• Click 代码如下:

```
tdbf = Alias(  )
SELECT (ThisForm.DataEnvironment.Cursor2.Alias)
REPLACE ghrq WITH date(  )
SELECT (ThisForm.DataEnvironment.Cursor3.Alias)
REPLACE zks WITH zks + 1
SELECT &tdbf
ThisForm.Refresh
RETURN
```

(4) 图书入库与报废登记管理

该表单设计界面如图 11-10 所示。

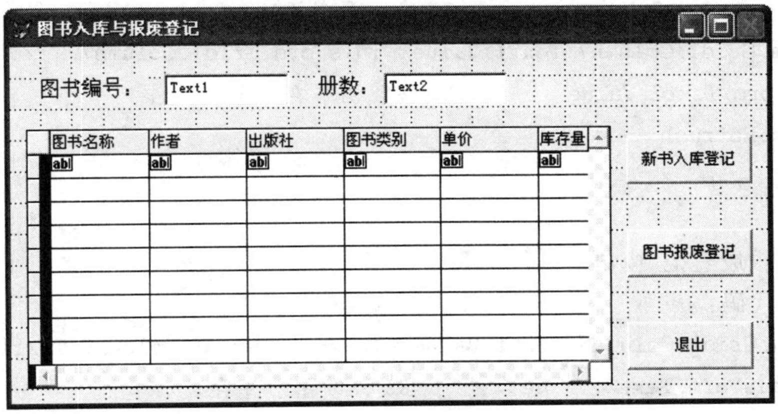

图 11-10 图书入库与报废登记表单

① 数据环境。

只包含一个 book.dbf 表，如图 11-11 所示。

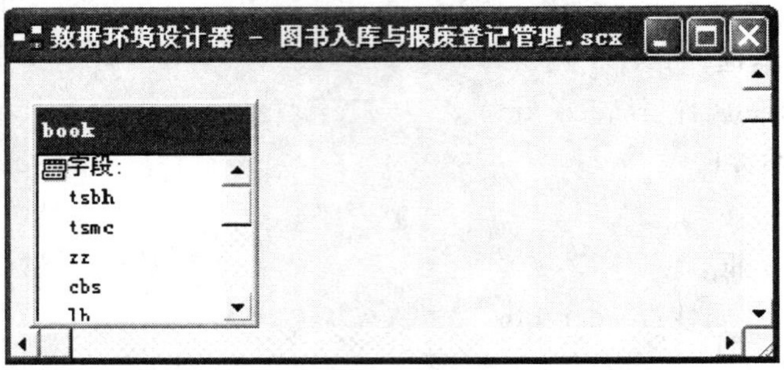

图 11-11　图书入库与报废登记表单的数据环境

② 表格对象。

由 book.dbf 表生成。

③ “新书入库登记”按钮。

```
ThisForm.DataEnvironment.Cursor1.Filter='tsbh='+'"'+;
Trim(ThisForm.Text1.value)+'"'
IF EOF( )      && 是新书
APPEND BLANK
REPLACE tsbh WITH ThisForm.Text1.Value
ThisForm.Refresh
ThisForm. Grid1.Column1.Enabled=.T.      && 置表格对象的每列可操作
ThisForm. Grid1.Column2.Enabled=.T.
ThisForm. Grid1.Column3.Enabled=.T.
ThisForm. Grid1.Column4.Enabled=.T.
ThisForm. Grid1.Column5.Enabled=.T.
ENDIF
ThisForm.Grid1.Column6.Text1.Value=ThisForm.Grid1.Column6.Text1.Value;
 + ThisForm.Text2.Value          && 修改图书库存数
ThisForm.Grid1.Column7.Text1.Value=ThisForm.Grid1.Column7.Text1.Value;
 + ThisForm.Text2.Value          && 修改图书在库数
ThisForm.Refresh
RETURN
```

④ “图书报废登记”按钮。

- Click 代码：

```
ThisForm.Grid1.Column6.Text1.Value=ThisForm.Grid1.Column6.Text1.Value;
    - ThisForm.Text2.Value          && 修改图书库存数
ThisForm. Grid1. Column7. Text1. Value=ThisForm. Grid1. Column7. Text1. Value;
    - ThisForm.Text2.Value          && 修改图书在库数
```

```
ThisForm.Refresh
RETURN
```

4. 报表设计

报表界面设计如图 11-12 所示。

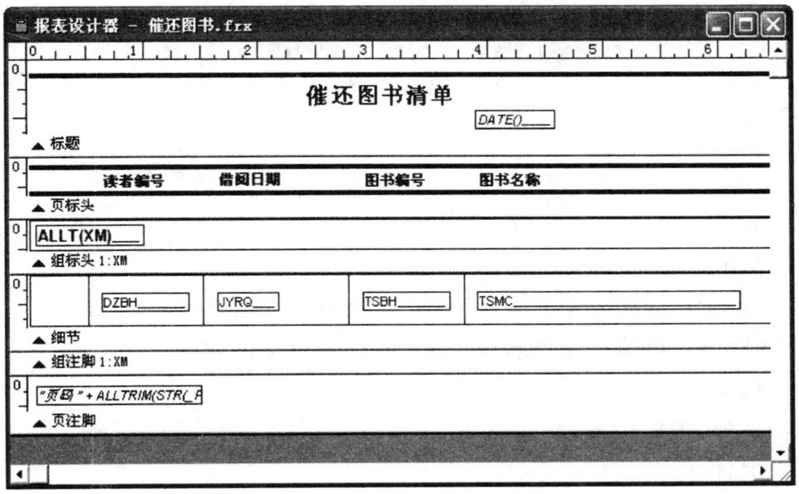

图 11-12 催还图书清单报表设计

有关报表的设计过程说明如下：

(1) 报表数据源：brower1 视图。

(2) 报表分组条件：reader. xm。

(3) 报表排序条件：reader. dzbh。

该报表由向导程序生成，再进行一下格式调整。

5. 项目连编

连编图书馆管理信息系统如图 11-13 所示。

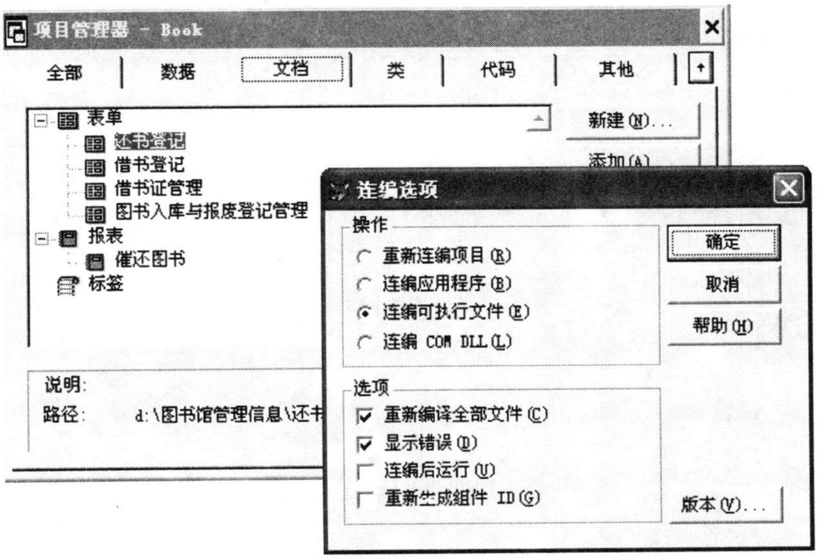

图 11-13 连编图书馆管理信息系统

附：习题答案

一、选择题

1. D　2. D　3. D　4. A　5. D　6. C　7. C　8. B

二、填空题

1. 排除
2. 菜单　表单
3. 初始化环境
4. BUILD APP＜应用程序名＞ FROM ＜项目文件名＞
5. BUILD EXE＜可执行文件名＞ FROM ＜项目文件名＞
6. Visual FoxPro
7. 可执行文件 .EXE
8. 表单　工具栏

参 考 文 献

[1] 李淑华. Visual FoxPro 程序设计. 北京:高等教育出版社,2004.
[2] 刘卫国. Visual FoxPro 程序设计教程. 北京:北京邮电大学出版社,2005.
[3] 马志红,黄建华. Visual FoxPro 程序设计. 北京:北京邮电大学出版社,2007.
[4] 郑阿奇. Visual FoxPro 教程. 北京:清华大学出版社,2005.
[5] 郑阿奇. Visual FoxPro 实训. 北京:清华大学出版社,2005.
[6] 朱珍. Visual FoxPro 数据库程序设计. 北京:中国铁道出版社,2005.
[7] 朱珍. Visual FoxPro 数据库程序设计习题解答与上机指导. 北京:中国铁道出版社,2005.
[8] 李正凡. Visual FoxPro 程序设计基础教程. 北京:中国水利水电出版社,2006.
[9] 张爱国. Visual FoxPro 6.0 数据库与程序设计. 北京:中国水利水电出版社,2005.
[10] 薛磊. Visual FoxPro 学习辅导与上机实验. 北京:清华大学出版社,2006.
[11] 历年全国计算机等级考试二级 Visual FoxPro 真题.